Gardens in Art

艺术中的
庭园与迷宫

U0221929

Gardens in Art

艺术中的
庭园与迷宫

[意] 露琪亚·伊姆佩鲁索 著

张昭 译

华中科技大学出版社
http://www.hustp.com

中国·武汉

有书至美
BOOK & BEAUTY

目录

前言

研究庭园的人通常从建筑和历史角度着眼，将庭园视作"有生命的建筑"的典范，却忽略了其自身语义层面的内涵。其实，庭园、花园中的各类元素都吸引、感染着游人，而这些元素又和其风格息息相关。

庭园可以是安详静谧、愉悦身心之处，也可以是节庆、社交之所。但无论角色功能如何，它们总有一套特定的元素。这些元素在历代庭园中反复出现，但由于不同时期需求不一，其使用方式也因时而异。园中总有水，水的形式无穷无尽；园中也总有雕塑，有车道或小径穿插其间。这些元素时而构成规制严整的几何结构，时而自由挥洒，同周围景致融于一体。这样一来，审美品位的变化总是伴随着新的庭园形制的诞生。庭园草创时期形式朴素，是一片封闭的修隐之地，是人间的伊甸园，是安闲的乐土，是躲避外在危险的避难之所。后来，庭园成了"人是万物的尺度"这一理念的反映，最终化身为君主绝对权威的宏伟象征，一个称颂着统治者荣光与成就的奢华舞台。

在启蒙运动、法国大革命和工业革命以后，在卢梭社会契约论的影响下，庭园成了新自由主义政体的象征，挣脱了昔日的技艺规制的束缚，融入自然，恣意地展示着自身的魅力。几何规制的约束和"如画"（picturesque）的美学理想影响下的自然元素持续交融，庭园的艺术也衍生出了多种样态，每种都合乎当时的历史环境。但庭园与砖石构造的建筑物不同。建筑耐得住时间的侵袭，而庭园却遍布着长年不断变化样貌的脆弱物件，要保持原貌实属不易。不过，庭园的记忆可以在诗人的诗篇、作家热情洋溢的描绘或是绘画作品中留存下来。本书要介绍的，就是绘画等一系列艺术媒介中展现的庭园形象。我们会分析这些形象中蕴含的不同层次的诠释。

在绘画作品中，庭园通常充当背景，

是前景场面的陪衬。但事实上，这片绿色的微缩世界是由折射着几个世纪审美旨趣的符号和意义构成的，有着自己的生命力。本书旨在分析、解码庭园的要素及其象征意义。全书分为两大部分，每部分下设多个章节，章节按从古代到19世纪的顺序排列。

本书前五章简要介绍了庭园的分类，分别佐以绘画作品，并揭示了相关的象征意义。第二部分则考察了各类庭园中反复出现的、不同层次的象征意义，包括庭园的要素、运用和处理这些要素的不同手段，以及诸多隐含的符号、宗教、哲学意义或者玄奥难解的意涵，甚至包括从文学作品中援引的语句。这种"引语"尤其重要，能导致部分庭园类型的创生，这些类型中大部分都有文学文本为其提供灵感。

由此，本书的两大部分在图像的层面互相关涉，并列地展示着种种互相关系和符号的互指，而这种互相指涉的关系，这套经常被忽略的由符号和寓言构成的复杂网络，才是让庭园成为庭园的东西。

神圣的花园与世俗的花园

◄《带赫耳墨斯头像和喷泉的花园》
(*Garden with Herms and Fountain*)
局部，作于25—50年，现藏于意大利
庞培的黄金手镯宅邸（House of the
Golden Bracelet）

古埃及陵墓的壁画是有关花园最早的图像记录，时间甚至早于神话传说中的巴比伦空中花园。

古埃及花园

特征
防御性的高墙，一个或多个矩形水池，呈规则种植的树木

象征意义
追寻一个幽僻的、私密的或是神圣的环境，免于外部世界的纷扰和危险

相关词条
围墙

▼壁画残片，出土于内巴蒙墓，约公元前1400年，现藏于伦敦的大英博物馆

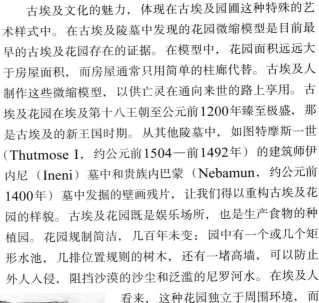

古埃及文化的魅力，体现在古埃及园圃这种特殊的艺术样式中。在古埃及陵墓中发现的花园微缩模型是目前最早的古埃及花园存在的证据。在模型中，花园面积远远大于房屋面积，而房屋通常只用简单的柱廊代替。古埃及人制作这些微缩模型，以供亡灵在通向来世的路上享用。古埃及花园在埃及第十八王朝至公元前1200年臻至极盛，那是古埃及的新王国时期。从其他陵墓中，如图特摩斯一世（Thutmose I，约公元前1504—前1492年）的建筑师伊内尼（Ineni）墓中和贵族内巴蒙（Nebamun，约公元前1400年）墓中发掘的壁画残片，让我们得以重构古埃及花园的样貌。古埃及花园既是娱乐场所，也是生产食物的种植园。花园规制简洁，几百年未变：园中有一个或几个矩形水池，几排位置规则的树木，还有一堵高墙，可以防止外人入侵，阻挡沙漠的沙尘和泛滥的尼罗河水。在埃及人看来，这种花园独立于周围环境，而古埃及花园也一直朝这种方向发展着。花园让沙漠变得丰盈肥沃，创造了一个绿色、有序的环境，中心则是一方有游鱼和荷花的池塘，象征着诞生与重生。这是一片备受呵护的天堂，水和绿荫的作用尤为关键，植物种植遵循严格的几何规则。花园四周的高墙将两个世界区隔开来，墙内的世界秩序井然，墙外的世界则混乱无常。

在古希腊，人们将自然视作神明的外显。古希腊花园也就成了神圣的园林，颇具神话、象征和宗教意义。

古希腊花园

　　古希腊花园的特征很难一一枚举，但可以确知的是，古希腊人相信每个地方都有某种与生俱来的特质，是种种强大神力和神明的外在表现。自然界既有农业用途，也被看成神圣的宗教场所，献给诸神，由地方守护神（genius loci）庇佑。宗教建筑和剧院的选址也是类似的道理。选中的地方必须能提供自然的保护，风光旖旎；树木也是神明外显的标志之一，因此所选之地务必有树。现存的古希腊花园的形象很少，大多都可以追溯到克里特文明和基克拉迪文明时期。从这些形象来看，古希腊花园并不是一片与外界隔绝的、驯化了的自然景观；相反，古希腊花园呈现的自然风貌是野性的、令人敬畏的，但其规模较小，又多了几分人工气息。家中的墙画常有植物形象，既是装饰，又有宗教仪式之用。对希腊文明和其后的罗马文明来说，描绘花园的形象可以将自然的原初状态转化成绘画形态。这种原初状态，就是诸神的神圣之所，是地方守护神的领地，是人重新发现和超自然世界相连的维度的安乐之所（locus amoenus）。

特征
在古典希腊时期以前，是避难所附近的一片神圣土地

象征意义
一片奉献给诸神、由地方保护神庇佑的宗教场所

相关词条
神圣树林；金苹果园；维纳斯的花园

▶浮雕墓碑残片，以《举起花朵》（*The Exaltation of the Flower*）之名著称，成于公元前470—前460年，现藏于巴黎卢浮宫

这幅壁画罕见地描绘了包含特殊宗教场景的家庭花园。

红百合在岩石上自然生长。百合花寓意太阳神阿波罗（Apollo）和少年海厄辛斯（Hyacinth）的爱情，也让人想起死亡。因为冥后珀耳塞福涅（Persephone）正是在采百合花（也有说水仙花）时被冥王哈得斯（Hades）绑架的。

据古罗马诗人奥维德（Ovid）所述，海厄辛斯被变成了一朵"形似百合，但银色部分变成深红色"的花朵［《变形记》（*Metamorphoses*，10.213）］。

在一座献给诸神的花园中同时出现爱（花的雌蕊）与死亡（百合花），确证了联系爱与死亡的神圣宗教仪式的存在。

山的形象暗示地处荒野，多岩石，气候干旱。

▲《春》（*Spring*），作于约公元前1500年，现藏于希腊雅典国家考古博物馆

罗马花园形式多样。 既可以作为蔬菜园 （hortus）, 也可以作为休闲娱乐、 学习、 交谈的空间。

古罗马花园

从古罗马共和国末期， 到帝国时期最初的几十年， 罗马花园成了奢华私宅的华丽装饰品。 这一时期， 用来种植蔬菜和其他有实用功效植物的蔬菜园， 让位于观赏园林 （viridarium）。 园中有装饰性的植物、 雕塑和喷泉。 壁画开始出现在房屋内部的墙上， 描绘着蓝天之下郁郁葱葱、 有树木和开花植物的花园。 画面的中心常有一方正在喷水的喷泉， 小立柱上由大理石拼成的图案 （stilopinakia） 据信可以抵挡邪灵入侵， 在植物的映衬下格外显眼。 供蔓生植物攀缘的棚架在真实空间和绘画空间之中划出一条界线， 其上有西勒诺斯 （Silenus）、 迈那得斯 （Maenads）、 赫尔玛弗洛狄托斯 （Hermaphroditus） 的形象。 作为希腊花园的嫡系， 罗马花园首先是一个圣地。 繁育之神普里阿波斯

〔Priapus, 后来希腊的狄俄尼索斯 （Dionysus） 取而代之〕 出现在果园和葬礼纪念建筑之上。 家庭花园中有供奉着家庭守护神的神龛， 还有用来进行守护神宗教仪式的植物。 神明与死者共同构成了自然整体观念的一部分， 真实的花园和家庭院墙上描绘的花园的连续性正是这一观念的反映。

特征
花园通常环绕着列柱围廊， 被笔直的小径分割成几何图案， 点缀着长椅、 雕塑、 花瓶、 喷泉、 运河和水池

象征意义
罗马共和国时期花园的实用和宗教层面， 在帝国时期又新添了哲学和文学的意义

相关词条
蔬菜园； 绿廊； 神圣树林； 植物园； 水果园

◀壁画局部， 20—40年， 那不勒斯， 现藏于意大利国家考古博物馆

房屋背后的树木在建筑物、花园和周边景物间形成了恰到好处的和谐。

随着建筑样式的演进，罗马房屋越来越趋向于面对花园敞开。

从画面可以看出人们最大化地利用观赏园林的自然环境、将建筑物融入周边景物的努力。

带有赫耳墨斯头像的方形石柱放置在花园的边界，让人想到花园有神明护佑。

▲ 《带柱廊的别墅》(*Villa with Porticoes*，第三风格)，出土于庞培的 "马库斯·卢克莱修·佛罗东 (Marcus Lucretius Fronto) 之屋"

图中的月桂树丛是在一则有关奥古斯都（Augustus）的妻子莉薇娅·杜路莎·奥古斯塔（Livia Drusa Augusta）本人的神话传说影响下种植的。

一些拉丁语作家认为，庆祝奥古斯都胜利所用的月桂树枝，来自位于普力马波塔（Prima Porta）的莉薇娅的别墅附近。壁画中月桂的出现或许可以证实这一观点。

种植着常青树的花园四季常绿，可以理解成奥古斯都统治的祥瑞之兆。

据神话所载，在莉薇娅和奥古斯都的婚礼上，一只白鹰将一只白色的母鸡丢在了莉薇娅的腿上，母鸡喙中还衔着月桂枝。别墅名字意为"白鸡"，即得名于这则传说。在园中种植月桂树丛的做法也来源于此。

房间四面墙壁上都画着园林场景，让墙壁仿佛"溶解"在壁画中，使得真实空间在想象中得以延展。

画中的园林外围环绕着两层屏障，绕壁画一周。前景中是一道芦苇和柳条编成的篱笆，后侧是一道大理石墙体。

▲壁画局部，发现于莉薇娅在普利马波塔的别墅中，作于约公元前40—前20年，现藏于罗马国家博物馆

小石柱顶端的小幅大理石图画中，有斜靠半裸的女性形象，可能是酒神狄俄尼索斯的女信徒迈那得斯。

两个小石柱顶端有赫耳墨斯头像，一男一女，面部表情极具个性特色，一些人甚至认为头像是根据真人雕刻的。

▲《带赫耳墨斯头像和喷泉的花园》，作于25—50年，黄金手镯宅邸

夹竹桃是一种有毒植物，是死亡的象征。

草莓树，一种常绿
植物，意指永恒。

绿色植物的细节精美而传神，
比喻人们可以通过获得永生来
超越生死循环的状态，棕榈树
就是其象征。

伊斯兰花园是享乐之所，呈现着天国的情景，和天国紧密相关。

伊斯兰花园

特征
几何形式，严格的矩形布局，四周有高墙环绕，由两条垂直的水渠分成四部分，中心水渠交叉处的池塘

象征意义
天堂；世界的四个部分，天堂的四条河流；世界的中心

伊斯兰的苏丹和统治者们钟情于园林，在修缮维护上颇费心力。他们想在人间重建《古兰经》中描绘的天堂，一座举世无双的美丽花园。在伊斯兰花园里，一切负面符号都销声匿迹，所有元素都服务于特定的象征意义。花园形制规则，两条互相垂直的水渠将园子分为四个区域，象征着世界的四块版图，水渠相交处是一方池塘，这是世界的中心，是生命的洗礼盆，是真主赐予的礼物。这一画面脱胎自天堂中的形象，一方喷泉周围形成四条河流，流向四极，象征着繁衍和永生。中央的水塘有时加以装饰，其上有树荫遮蔽，或者建成岛屿中心的亭阁。几何结构规整有序，自成一体，静谧安宁。园子和外界隔离开，而水起到了至关重要的作用。这些园林形象在贵族府邸和寻常人家，以及在清真寺和教会学校都有出现。花园在伊斯兰文明中的重要地位也可以追溯到古代波斯时期。古代波斯有在每年二月的第十天向统治者进贡的礼俗，进献的贡品是一个蜡制并着色的微缩花园。它象征着统治者的仁厚慈爱，是君主与臣民牢固纽带的物证。

► 《忠实园》（*The Garden of Fidelity*），出自《巴布尔回忆录》（*Baburname*，1597年）

花园几何结构严整，分为四个区域。数字4的象征意义源远流长。在《创世记》中，天堂的河流分为四支；对古波斯人而言，世界分为四个部分，世界的中心是一泓泉水。

四条水渠指代天堂中的四条河流。在天堂的河流里，流淌着的是水、牛奶、酒和蜂蜜。

东部沙漠气候干旱，于是花园成了文明的象征，皇帝们自己就是狂热的园丁。图中，巴布尔（Babur）正对他的园丁们发号施令。

▲《皇帝巴布尔监督忠实园的种植》（*The Emperor Babur Oversees the Planting of the Garden of Fidelity*），手稿插图，作于16世纪，现藏于伦敦维多利亚和阿尔伯特博物馆

4世纪, 距离阿拉伯对外征服还颇有些时日。根据那时的传统, 萨珊王朝 (Sassanid) 的统治者已经会将园林的图案绣在地毯上, 这样即使在严冬也能欣赏斑斓的园林风光。这一传统从那时起延续了一千二百多年

▲波斯画派艺术家,《花园地毯》(*Garden Rug*), 作于约1610年, 现藏于英国格拉斯哥伯勒尔珍藏馆

尽管典型的伊斯兰花园布局在此稍有改动, 但地毯上的花园仍分成四部分, 水池还是位于中央。

地毯有神力和重要的象征意义。花园象征着宇宙和君主凌驾于宇宙之上的统治权, 而地毯则让花园得以永生。

园林是中世纪文化丰富的神话符号之一，是中世纪文化最显著的特征。

修道院花园

中世纪的修道院将艺术与科技成果保存了下来，也成了农业园林和观景园林神秘艺术的宝库。受传统天堂形象的影响，僧侣热爱自然；遁世隐居者也在凡间构筑起他们失落的应许之地——伊甸园的形象，在其间修身养性。修道院建筑群外围矗立着围墙，墙内是精心栽培的植株，墙外是野生的草木；墙内秩序井然，墙外一片混沌。墙内的耕地用途多样，可以栽种供食用的作物，可以放置干燥的植物标本，也可以种植果木。修道院的花园是宗教沉思与祷告的处所，通常呈方形，两条在院子中心交汇的小径将院落分为四个部分，交汇点处常有树或池塘标记位置。"4"这个数字对修道院花园有至关重要的意义，在伊斯兰花园中也是一样。数字4能引起诸多联想：天堂中的四条河流、四种关键的基本道德以及《福音书》的四位作者。花园中心的喷泉也暗含基督的象征，它象征着圣洗池，天堂中的河流发源于此；也暗示着基督的形象，他是生命之源，也是救赎之源。有时庭园中心种着一棵树，象征着十字架和善恶树，告诫人们不要违背上帝的训诫。有些修道院种植中培育的作物以及一些干燥的植物标本可以缓解病痛，但同时也有神话和寓言意义。许多植物和花朵都对应着特定的神力和象征，通常与圣母马利亚有关。

特征
整体布局呈十字形，有树木或喷泉位于中心

象征意义
天堂

相关词条
围墙；基督的花园；马利亚的花园

▼盖拉尔多·斯达尼纳（Gherardo Starnina），《底比斯》（*La Tebaide*）局部，作于约1410年，现藏于意大利佛罗伦萨的乌菲齐美术馆

修道院建筑群落的外墙将修道院内的井然有序和外部的混乱无序隔绝开。在一个与外在危险相隔绝的内部空间里，自然景观经人工塑造成伊甸园的模样。

该画面展示的是《神父的生活》（*Lives of the Fathers*）中的一则故事。《神父的生活》在13世纪广为流传，它讲述了一位修女被魔鬼用鲜卷心菜叶诱惑，最终屈从于恶魔的故事。

画面中站在树边采摘禁果的修女，令人联想起伊甸园里被蛇蛊惑的夏娃。画中的植物是有毒的冬青树，而非卷心菜。这是由于书籍传抄中笔误所致，choux（卷心菜）被错写作houx（冬青树）。

小径将花园分成四部分。以往作品中，花园中心往往有喷泉或树木。而在这幅作品诠释的故事里，花园被恶灵侵占，于是常见的修道院形象也就被变换成伊甸园。

▲马雷查尔·德·布罗斯画像画师（Master of the Marechal de Brosse），《修道院花园》（*Monastery Garden*），作于1475年，现藏于法国巴黎的阿瑟纳尔图书馆

画面中最显眼的是中央的修道院，庭园分成四部分，中心矗立着一座方尖碑。方尖碑类似喷泉和树木，有着强烈的象征意义，让人联想起将天地穿缀为一体的宇宙中轴。

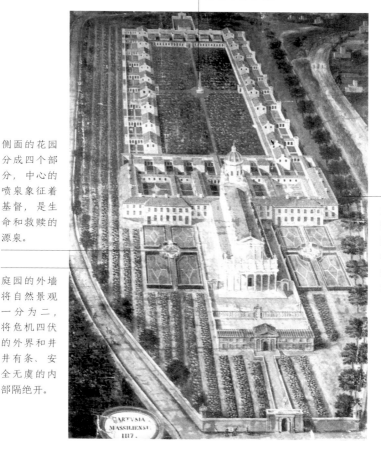

侧面的花园分成四个部分，中心的喷泉象征着基督，是生命和救赎的源泉。

查尔特修道院（Charterhouse）建筑的划分总和"四"相关，折射出神谕传达的理想美感。

庭园的外墙将自然景观一分为二，将危机四伏的外界和井井有条、安全无虞的内部隔绝开。

▲《马赛的查尔特修道院》（*The Charterhouse of Marseille*），作于1680年，现藏于格勒诺布尔的查尔特修道院

中世纪花园直接脱胎自伊甸园和合围式的封闭庭园（hortus conclusus，或围墙花园），四周筑有墙壁，将墙内的世界同墙外的危险隔绝开。

世俗的花园

特征
呈几何形状的花园在作品中渐次展开，视角没有中断和突变

象征意义
花园象征着圣城耶路撒冷在凡间的样子，是宫廷中风流韵事的处所，是免于祸患的天堂，是一片经人工修饰驯化的自然景观

相关词条
围墙；迷宫；园中爱情；天堂花园；玛丽王后的花园；《玫瑰传奇》

世俗的中世纪花园是一片经人工修饰的自然景观，有宗教意味的图案和典雅文学作品中的情景交融在一起。这样一来，花园便成了与世隔绝、独具魅力的处所，就像克雷蒂安·德·特鲁瓦（Chrétien de Troyes）所著作品《艾瑞克与伊妮德》（*Erec et Enide*）中所描述的一般，也像法国中世纪名作《玫瑰传奇》（*La Roman de la rose*）中的花园。薄伽丘（Boccaccio）则在他的《十日谈》（*Decameron*）中借节日绿植让人联想起此类园林的形象。花园内部有人行道，人行道侧面和花床四周有木栅栏，将院子划分成简单规整的几何形状。常有一架绿荫，或简单朴素，或呈拱状，绿色植被覆盖其上，以藤蔓居多。真正不可取代的要素要数水。水象征着天堂中的生命之源，是纳西索斯（Narcissus）的水塘，是青春的源泉。中世纪的花园是一片奇异的宇宙，种植着用作染料的植物、果蔬和草药。当时，欧洲仍然将自然视作虎狼啸聚、盗寇群集的混乱凶险之境，但在花园中，自然却换上了遵循几何规制、风景如画、令人安心的新样貌。在艺术作品中，花园的形象总是次第展开，表现视角方面没有什么奇技淫巧，也没有可以将花园一览无余的视角。

▶伦巴第画派艺术家，《花园中的女人》（*Lady in a Garden*），作于15世纪，现藏于意大利博罗梅奥艺术馆

一位女性正在编织花冠。 这在当时是一项女士从事的典雅活动，
花冠经常用来代表对心上的男女的爱慕或圣母马利亚的敬爱。
花冠通常由玫瑰、康乃馨、万寿菊、长春花以及薄荷、艾蒿和
芸香等芳香植物编成。

两位园丁正用长满灯芯
草的架子为方形的花床
铺设栅栏。 花床刚刚完
成播种。

另一位园丁将用编成菱
形的灯芯草嫩芽制成的
隔断围在花床四周。

园中遍布着方形的花
床，展示着植物生长的
不同阶段。 每个花床都
边界分明， 用木板隔
开，高出地面。 这种布
局最有利于排水。

园中小径旁边或花床四周有木质
围栏，创造出简易的几何图形。

▲菲茨威廉第268号古抄本画师 （Master of the
Fitzwilliam MS. 268），《植物标本馆》(*Herbarium*)，
选自皮埃特罗·德·克雷森兹 （Pietro de Crescenzi）的
《乡间生活种种》(*Livre des Prouffis Champestres*)，
现藏于美国纽约摩根图书馆与博物馆

一丛红色康乃馨外面笼罩着钟楼形状的架子，顶端饰有十字架。

一位年轻女子正在照料一株修剪成圆盘状、由环形铁丝支撑的小树。这种造型在中世纪花园中比较常见。

图画的作者并没有把重点放在花园的布局上，只是用小方格将布局曲曲勾出。作者意图强调的是园中栽培植物的种类，尤其是嫁接的物种和绿植的形态。

修剪树木和灌木时，并没有直接将树枝剪掉，而是采用特殊的辅助手段，让树木形态繁茂华丽。

▲《花园中的女士和男士》（*Ladies and Gentlemen in a Garden*），作于约1485年，现藏于英国伦敦的大英图书馆

▶《安茹的勒内在书房中》（*René of Anjou in His Study*），让·勒·塔韦尼耶（Jean le Tavernier）作于1485年，现藏于比利时布鲁塞尔阿尔伯特皇家图书馆

花园四周有砖石砌筑的围墙，园内方形的花床间穿插着小径，小径上铺着白色和蓝色的瓷砖。

修剪树木并不是将整个枝条一并截去，而是将树枝固定在圆环状的支架内。这种技艺在中世纪颇为流行，木质或铁质的环形支架层层叠加，越到高处，支架越小，迫使树木枝条向外横向生长。

水是花园中不可或缺的要素。

花园四周环绕着有雉堞的高墙，将园内和园外的世界泾渭分明地划分开。

安茹的勒内（René of Anjou）正在书房内奋笔疾书，他身后的花园显示着国王对庭园和花卉的喜爱。他在很多宅邸都兴建了园林并亲自打理。

拱状的架子常常覆盖着葡萄藤。

在图中描绘的中世纪花园中，轻巧的木质围栏划分出了花园的内部结构，最常见的是爬满玫瑰花藤的菱形木架。这一结构将铺满草皮的长凳支撑了起来。

薄伽丘在《苔塞伊达》（Teseida）中，曾描绘过底比斯城堡内部的一处"爱之园"。这幅图画就是根据中世纪世俗的花园实景创作的。

▶巴泰勒米·艾克（Barthélemy d'Eyck），《艾米莉亚在她的花园中》（Emilia in her Garden），作于1465年，取材自薄伽丘的《苔塞伊达》，现藏于维也纳的奥地利国家图书馆

年轻的艾米莉亚
（Emilia）正在编
制花冠，这是当
时流行的、典雅
的女士活动。

一座砖石砌筑的高墙
阻隔了视线，保护着
中世纪花园。

这幅图画很有可能是
勒内某处园林的实景
再现。勒内在农业方
面颇有造诣，对花园
情有独钟。

画中的花朵尽态极妍，
几乎全部都能分辨出
物种。背景中，一株
龙舌兰的叶子向上生
长，指向太阳。

教皇与贵族的花园

◀亨德里克·范·克莱夫三世
（Hendrick van Cleve III），
《梵蒂冈花园》（*View of the Vatican Gardens*）局部，
作于1587年，现藏于法国巴黎的约恩克海勒画廊

基于对古典作品的阅读，文艺复兴时期的园林成了观赏万物风光、潜心学习与沉思的静修之地。

文艺复兴时期园林

特征
对古典兴趣的重燃；象征和寓言系统的世俗化；对园林建筑的密切关注

象征意义
文艺复兴时期的园林，反映着人类对自然的态度。园林中暗藏的图像称颂着园林主人的伟大

相关词条
围墙；秘密花园；岩穴；奇观之园；彼特拉克的花园；波利菲罗的花园

文艺复兴时期的园林是生命的一部分，对建筑规制严整的外部世界敞开大门。文艺复兴园林一改中世纪修道院花园的发展方向，规划呈几何图形，内部有低矮的隔断将花园分成多个部分，园中视野不再一览无余，空间更加紧密，一片片布满绿植的地块可供人读书、思考、交谈。园中铺设道路，不是为了供人欣赏房屋建筑，而是为了把庭园里的"地块"连缀起来，即便园子的主路都不是很宽阔，在主路上几乎看不到建筑主体的真容，有时主路甚至在建筑旁侧。文艺复兴时期，园林建筑维护的奢华程度非前代所能及，但除此之外，文艺复兴园林也显露出对古典传统的关注，中世纪花园中具有象征寓意的形象也在这一时期世俗化。我们发现了文艺复兴园林中的古代雕塑和浮雕残片，这是古典形象的复现，也是在向古典世界致敬。雕塑的选取可能并没有特定的标准，但它们绝不只是流于形式的摆设，而是将园林变成了体育运动、学术交流、艺术欣赏的热土，或者变成带着神秘色彩的丛林。文艺复兴园林有时仍然保留着对天堂的暗示，但总体上反映的还是现代生活的图景。

▶保罗·祖奇（Paolo Zucchi），《美第奇别墅》（*View of the Villa Medici*），作于1564—1575年，现藏于意大利罗马的美第奇别墅

花园布局简单，中轴线与别墅正面平行，这种规划有可能是为了营造清幽避世之感。

文艺复兴时期，带防御工事的城堡式微，乡间别墅形式兴起，准确地说，是脱胎自古罗马建筑样式并重获新生。

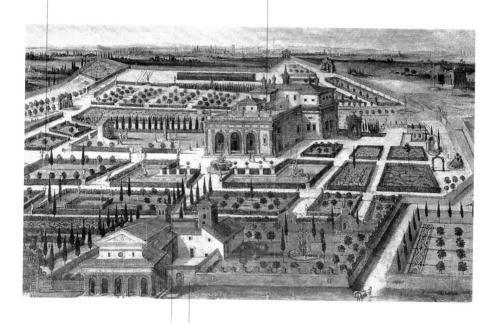

文艺复兴时期，花园外侧仍有围墙环抱，但已经失却了象征意义，成了遁世隐居的宣言。

文艺复兴时期的花园昭示着一种新型的人与自然的关系。人类终于获得自由，不再与自然对立，而是投身于自然之中。人终于意识到，可以通过理性实现对自然的把控。

▲ 《罗马的马蒂别墅》(*The Villa Mattei in Rome*)，作于17世纪，现藏于意大利佛罗伦萨的阿克顿展馆

文艺复兴时期，"有生命的建筑"让园林的建筑结构大大增色。图中的柱廊由女像柱撑起，桶形的穹隆上覆盖着绿色植物，承袭了古典园林的传统。

同心圆形的树篱构成了一片迷宫，迷宫中央有一株山楂树，和爱之园的结构形式相类。

花园里的小路形成了规则的几何图形，设计初衷是为了直观地通过透视法观察别墅。

这是一片属于神迹和神秘的地带，灵感来自往古。小岛象征着园林中的园林，是供人类与植被繁衍生息的最佳环境。这片地带可供人寻求庇佑、进行沉思，但它也有供人嬉闹的功能，是情人幽会的圣地。

▲《园中午餐》(*Lunch in the Garden*)，《查尔斯·马格努斯游记》(*The Voyage of Charles Magnus*，1568—1573年）插画，作于16世纪，现藏于法国国家图书馆

文艺复兴时期的文献作者们把园林艺术看作建筑规制的一部分，
园林则被视为恢宏的建筑物的延伸。

文艺复兴时期文献记录

15世纪中期，莱昂·巴蒂斯塔·阿尔伯蒂（Leon
Battista Alberti）在他的论集《论建筑》（*De Re
Aedificatoria*）中提出了乡间别墅的营造规范。他从维特
鲁威（Vitruvius）和普林尼（Pliny）那里获得了灵感，
认为别墅的选址至关重要，别墅需要阳光和通风，距离城
市不能太远。园林是人居的重要部分，规划应讲求对称，
和建筑物的设计浑然一体，体现建筑背后和谐统一的理念。
阿尔伯蒂对园林结构的描绘巨细无遗，园中植物最好四季
常青，栽培要遵循严格的规制，植被之间便是花园小径。
以军事建筑见长的著名锡耶纳艺术家弗朗切斯科·迪·乔
治·马丁尼（Francesco di Giorgio Martini）也曾在他
的著作《建筑论集》（*Trattato di architettura*）中提出
过类似观点，即花园的选址既要符合几何规范，又要因地
制宜。建筑师兼雕塑家菲拉雷特（Filarete）在他题献给
弗朗切斯科·斯福尔扎（Francesco Sforza）的小册子中
提出了更精彩的简介。他在小册子里描绘了一座理想城市，
并谄媚地把这座理想城市命名为斯福尔扎。在他的描述里，
迷宫园林中心矗立着一座园林宫殿，富丽的空中花园装饰
着宫殿的梯级，园中绿植茂密，以一众雕像象征神祇。不
过，菲拉雷特的花园并不像传统园林一样位
于建筑物的一侧，而是直接融进宫殿建筑内
部，让花园与建筑享受同等的地位。在作者
心中，建筑物与园林的融合，仿佛已经成为
文艺复兴时期崭新的文化工程。

▼菲拉雷特，《迷宫
花园中央的园林宫
殿》（*Garden Palace
at the Center of the
Labyrinth Garden*），
作于1460—1465年，
现藏于意大利佛罗伦萨
的国家中央图书馆

菲拉雷特描绘的花园迷宫位于城市外围，迷宫中央勾勒出一座拥有众多空中花园的宫殿。

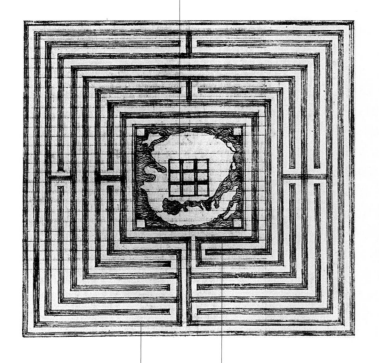

迷宫的形象有辟邪作用，当时人们相信迷宫可以阻挡恶灵进犯。

花园规划为方形，四周有宽阔的护城河和高墙环绕。内部的迷宫有七重路径，路径的两端则是护城河。

▲菲拉雷特，《花园迷宫》（*Garden Labyrinth*），作于约1464年，现藏于意大利佛罗伦萨的国家中央图书馆

土丘上有一座环形花园，小路如蜗牛壳的纹路一般渐次展开，园中装饰着树木。

土丘四周环绕着护城河，中央矗立着一座圆形别墅，一层有柱廊，上层有凉廊。

这一设计的别出心裁之处，在于它尝试了掌控自然环境的可能性。

园林的构造受制于形状规整的多边形围墙。

花园仍然坐落于一片封闭地界之内，外围环绕着起保护作用的高墙。

▲弗朗切斯科·迪·乔治·马丁尼，《有八边形围墙的公园》（*Drawing of a Park with Octagonal Wall*），作于1470—1490年，现藏于意大利都灵的皇家图书馆

在这座别墅最为隐蔽的区域，有一座秘密花园。它是王公贵族的私密园林，是按照封闭式花园的模式营建的。

位于意大利菲耶索莱的美第奇别墅，是按照阿尔伯蒂在《论建筑》中的观点兴建的。

园林符合阿尔伯蒂的建筑思想，同时呈阶梯状展开，从高处延伸向四周的地面。

坚实的承重墙支撑着山丘侧面两级宽阔的平台，其间穿缀着楼梯和坡道。花园的方位和走向都符合阿尔伯蒂的主张。

▲比亚吉奥·德·安东尼奥（Biagio d'Antonio），《天使传报》（*The Annunciation*），作于15世纪下半叶，现藏于意大利罗马圣路加学院

随着美第奇家族的崛起，美第奇花园也声名鹊起，代表着政治上升期富有政治意味的设计理念。

美第奇家族的花园

从当权的柯西莫·德·美第奇（Cosimo the Elder，1389—1464年），到艺术家赞助人劳伦佐·德·美第奇（Lorenzo the Magnificent，1449—1492年），到柯西莫一世（Cosimo I，1519—1574年）时期开疆拓土的大国公（Grand Duchy），再到弗朗切斯科一世（Francesco I，1541—1587年）时期的王侯贵胄，花园经常出现在美第奇家族规划的蓝图中，成了某种权力宣言。随着柯西莫一世的崛起，一个社会经济繁荣发展的时代即将来临，最为知名的别墅都是在这一时期兴建的。这些房产要么是买来的，要么是强行征收来的，遍布意大利全境，到16世纪末期，已经成为经济和政治结构的重要部分。这些别墅和花园除了一些显而易见的共同点外，还有共通的类型模式，布局都应和着主人特别要求的象征意义。比如，在卡斯泰洛城（Castelle）的别墅里，花园便反映着柯西莫一世权力的构架。喷泉则呈现着美第奇家族图腾的样式，昭示着托斯卡纳大国公宅邸的非凡地位。最别出心裁的，恐怕要算园林的文化应用。从柯西莫一世时期开始，哲学家、艺术家和知识分子都会在这些园林中燕集，以重现古代雅典的精神氛围。卡雷吉和波焦阿卡伊阿诺等地都成了新柏拉图派哲学家传道授业的胜地。佛罗伦萨市区的圣马可花园曾是一所绘画学校，在几个世纪间备受褒奖，最后成为一所闻名遐迩的重要艺术院校。

特征

美第奇家族花园展示了从文艺复兴初期到末期花园结构形式的嬗变

象征意义

每座花园都表达了主人要求的自然和象征意义；从文化内涵到直白的政治符号，不一而足

相关词条

山；雕塑；奇观之园

▼《美第奇别墅》（*View of Villa Medici*），作于19世纪，现位于意大利菲耶索莱，私人藏品

园林融入周围环境，丝毫不显突兀。随着农业技术进步，乡野不再是人们眼中恶劣的环境，获得了新的生命力。

从人文主义的视角看别墅和花园，自然景观是整体的一部分，是设计中首要的因素。

卡法吉奥（Cafaggiolo）别墅是一座配有防御工事的别墅，从14世纪以来归美第奇家族所有。柯西莫·德·美第奇在15世纪中叶将其翻修一新，主导这项工程的是建筑师米开朗琪罗·米开罗佐（Michelangelo Michelozzo）。

在前景中有一座覆盖着绿色植物的亭子。亭中有长椅，顶端的绿植则被人精心修剪成圆形的屋顶。

▲朱斯托·尤腾斯（Giusto Utens），《卡法吉奥别墅》（*The Villa at Cafaggiolo*），作于约1599年，现藏于意大利佛罗伦萨的地质历史博物馆

15世纪晚期，劳伦佐委托建筑师朱利亚诺·达·桑加洛（Giuliano da Sangallo）建设波焦阿卡伊阿诺的别墅。

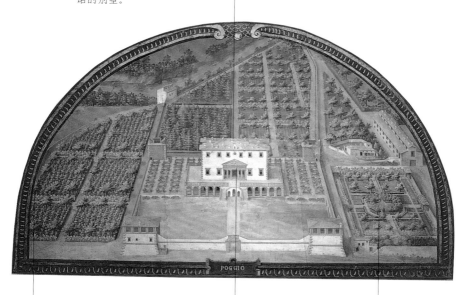

POGGIO

波焦阿卡伊阿诺的花园是雅典学院的所在地。它不再是马尔西里奥·费奇诺（Marsilio Ficino）和哲学家们构想出来的卡雷吉当地的"学习的天堂"，而是象征着人类精神在俗世中度过的短暂瞬息，人在向善或向恶的道路上度过余生，再走向重生。

一条光滑的大理石雕带装饰着别墅，上面刻有神话中的人物，暗指美第奇家族昌明的统治。

一小片八边形的绿地，四周种着几丛圣栎。这片绿地是日后兴建的。

▲朱斯托·尤腾斯，《波焦阿卡伊阿诺的别墅》（*The Villa at Poggio a Caiano*），作于约1599年，现藏于意大利佛罗伦萨的地质历史博物馆

美第奇家族的花园通过
具有寓言意味的塑像、
浮雕，从人文主义的
视角反映着古典传统，
美第奇家族的花园便是
一例。

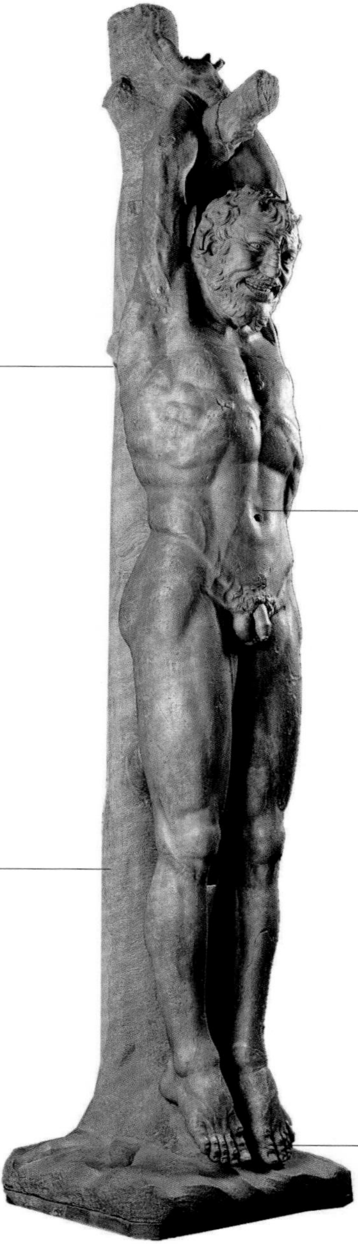

马西亚斯像。他向阿
波罗发起挑战，比赛
演奏乐器，犯下大
错。对那些胆敢用拙
劣的音乐冒犯主人的
来客而言，这尊雕像
不失为一种警告。

园中一尊还原马西亚斯
（Marsyas）受惩罚场景
的雕塑在迎接来客。

显然，意大利雕塑家多那
太罗（Donatello）的雕
塑《大卫》（David）、《朱
迪思和霍洛芬斯》（Judith
and Holofernes）和维
亚·拉加花园中的雕像在
雕塑和图像材料方面有着
类似的源渊。

▲《被缚的马西亚斯》
（Marsyas Hanging），
现藏于意大利佛罗伦萨
的乌菲齐美术馆

城市中贵族花园的结构仅见于几幅画作之中，这些画作大多描绘的是户外宴饮的场景。

城市宅邸花园

在《论建筑》中，阿尔伯蒂认为城市花园可以作为一种手段，把乡间别墅中的娱乐方式带进城市。在此之前，花园一直由王公贵族在乡野间经营，现在也走进了城市建筑之中。文献记录虽少，却也足够让我们一窥花园负载的重量以及它与房屋建筑的关系。在现存的几幅画作中，最为惊人的一点，莫过于宴饮空间和花园间的紧密关系。前者通常是富丽堂皇的宫室或大厅，后者则是一片舞台，客人可以尽情享受屋宇之内的自然环境和人与人的共处时光。在画中，我们能看到城市花园，园中总有喷泉，做工精致，造价不菲。花园周围有高墙环绕，花架上繁花似锦，玫瑰较为多见。如若没有花园，或则宴会厅靠近入口，自然景观就要靠悬挂在墙壁上的织物来呈现。织物上绣着繁花和不会凋零的绿植，比如象征着财富和名望的百花挂毯。

相关词条
人造花园

▼菲利比诺·利皮 （Filippino Lippi），《众处女朝见亚哈随鲁王》（*The Presentation of the Virgins to King Ahasuerus*），作于1480年，现藏于法国尚蒂伊的孔代博物馆

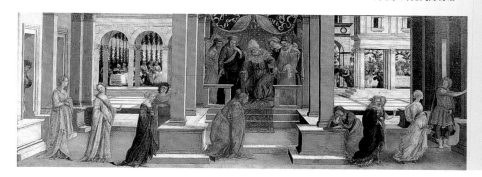

宴会场地里有树木，树上缠绕着葡萄藤。

真正的园林在三孔门洞之外。透过门洞，我们能看到一堵高墙，墙根处有一片高于地面的花床，里面种着小树苗。

喷泉是园林的关键要素。图中的喷泉雕工精致，好似出自罗塞利诺（Rossellino）的工坊，体现着主人们非凡的艺术品位。

举办宴会的场地经过布置，仿佛一片牧场。这头正在吃草的褐色小鹿也表明此地是一片草场。

▲雅各布·德尔·塞莱奥（Jacopo del Sellaio），《亚哈随鲁王的宴会》（*The Banquet of Ahasuerus*），作于约1490年，现藏于意大利佛罗伦萨的乌菲齐美术馆

在文艺复兴时期的园林中，一种新型的人与自然的关系得以确立，人类不再在恐惧中把自己和自然隔绝开。

城墙之外的花园

　　高耸的围墙是中世纪花园的一大特色，高墙可以将园内与园外的世界分隔开，但在文艺复兴时期却日渐式微。这一时期，园林开始与周围的景致融为一体，在现在看来，这一理念是文艺复兴园林设计的重要基础。阿尔伯蒂曾经建议，在为兴建别墅选址时，应该考虑周围的自然风光。这一点在托斯卡纳地区尤为明显：15世纪，在作家笔下大放异彩的静僻角落和令人心旷神怡的美景回归农村。由于户外的世界变得有序了一些，文艺复兴时期的花园和周围环境的过渡显得格外自然。因此，在农业技术的改进赋予乡村新生命力的过程中，园林也起到了关键的作用。而且，文艺复兴时期园林四周的自然环境获得了新的秩序感。花园曾一度与住宅、果园、厨房花园和人行道构成的户外区域分开，但随着时间的流逝，构造千差万别的户外区域作为房舍的一部分融进了花园之中。一些学者认为，文艺复兴时期园林的这些特征，为几个世纪之后自然风光园林的诞生埋下了伏笔。

相关词条

风景园林；奇斯威克；师法自然

▼ 贝诺佐·戈佐力（Benozzo Gozzoli）《东方三博士的旅程》（*The Journey of the Magi*）局部，作于1450年，现藏于意大利佛罗伦萨美第奇里卡迪宫，美第奇教堂

尽管城墙的存在仍然造成了内与外的分割，但郊野已经变得有序，不再是中世纪的那个必须逃离躲避的恐怖地带了。图中三个微小的人物形象正自在悠然地散步。

城墙以外的地界分割成一片片农田，农田的耕作方式各不相同，但各异的地块间却有协调齐整的肌理。

通向城市的路两侧规则地种植着树木。

画作寓意着人类的"理性"给野性的自然带来规则。

▲保罗·乌切洛（Paolo Uccello）《圣乔治与龙》（*Saint George and the Dragon*），作于约1460年，现藏于法国巴黎雅克-安德烈博物馆

位于梵蒂冈的观景花园是多纳托·布拉曼特（Donato Bramante）在1503年至1504年间设计修建的。直到巴洛克时代，这座花园都是园林建筑的重要范本。

教皇的花园：观景花园

观景楼阁花园的创意源自一种现实的需求。当时需要把教皇的宫殿和教皇英诺森八世（Pope Innocent Ⅷ）作为夏季行宫的别墅连在一起，两座建筑要优雅地合二为一。于是布拉曼特从比如金色圣殿（Domus Aurea）和意大利帕莱斯特里纳的福尔图纳圣所（Fortuna Primigenia）的罗马帝国建筑那里得到了灵感，建造了两个建筑群之间优雅恢宏的连接地带。建筑群宏阔的规模昭示着教皇尤里乌斯二世（Julius Ⅱ）的心愿，他想通过建筑的修葺巩固教皇国的政治地位，维护领土完整。布拉曼特的这一杰作几乎重新改造了地面景观。他利用了微微倾斜的地面环境，将原野进一步分成三个部分，周围有长长的步道环绕，步道上有拱形游廊，从而将两处建筑更便捷地连在一起。地势呈三级阶梯状，阶梯之间有台阶相连，较低的区域用于观看演出，为观众预备了阶梯状的座席。这种新的结构模式为尤里乌斯二世的古代艺术藏品提供了绝佳的陈列场地。观景楼阁花园被视作古代以来第一座永久的户外剧场，也是第一座博物馆，最重要的是第一个将园林与建筑融为一体的建筑杰作。它进一步确证着人类的理性：理性已经可以控制自然，把自然化作建筑本身。

▼亨德里克·范·克莱夫三世，《梵蒂冈花园》，作于1587年，现藏于法国巴黎的约恩克海勒画廊

观景楼阁花园是第一座直接
融入建筑群之中的花园。

由台阶连接的阶梯是原创的
设计思路，增进了整座花园
的深度、广度和高度，在后
代花园设计中成了重要的参
考依据。

图书馆建成以后，多梅尼克·冯塔纳
（Domenico Fontana）的施工直接穿
过布拉曼特的庭园，破坏了风景的
整体感，花园原本的规划遭到破坏。

这幅仿古的壁画描绘了
观景楼阁花园早期的景
观。花园地势较低处正
在表演海战的情景。

▲佩里诺·德尔·瓦加（Perino del Vega），
《观景花园中的海战》（*Naumachia in the
Belvedere Courtyard*），作于1545—1547年，
现藏于意大利罗马圣天使堡

位于意大利蒂沃利（Tivoli）的埃斯特庄园是整个文艺复兴时期最为壮观的建筑物。它在埃斯特枢机主教伊波利托二世（Ippolito II）的命令下于1550年动工，三十年后才宣告完工。

埃斯特庄园

这片占地面积巨大的园林又以"欢乐谷"（valley of pleasure）著称。园林整体根据宫殿建筑改建而成，宫殿本是旧时一座本笃会修道院，经皮洛·利戈里奥（Pirro Ligorio）重修才有了当时的形制。花园分成两个部分，一侧位于树木茂密的山坡上，这一片更有荒野气息，靠近宫殿建筑，中间有对角线状的小径穿缀往来，另一侧则地形平缓，划分成了规则的几何形状。两片区域间有运河分隔。实际上，花园的主题是展示水的不同形式，比如喷泉和水池，水景的构造又构成了复杂的寓意。埃斯特庄园的道德内涵取自神话故事：大力神赫拉克勒斯（Hercules）有时扮作赞助人，有时扮成高明的游客，来到一处岔路口，必须要在向善之路和向恶之路间选择一条。这是花园的逻辑构造，体现在花园的建筑和空间元素上，游客很容易辨认。而在逻辑构造之上的，是一种隐秘的、不为外人道的结构形式，只有少数人才能明辨。这是一条通往未知的道路，通向自然和历史最深处的秘密，通向自然和人类精神的知识。这条路径走过了三个阶段，其一阶段关系到地方守护神和俄耳浦斯（Orpheus）的神话，第二阶段关系到从赫西俄德（Hesiod）宇宙学说的角度对冥界和海洋力量的理解，第三阶段则是对灵魂的探索。在第三阶段，花园的四座迷宫代表着科学和文化探索中与生俱来的困惑，十字形的绿廊交汇处饰有穹顶，象征着信仰在这里交叉。

▼让-巴蒂斯特-卡米耶·科洛（Jean-Baptiste-Camille Corot），《埃斯特庄园的花园》（*The Gardens of the Villa d'Este*），作于1843年，现藏于巴黎卢浮宫

根据人文主义者复兴的传统，维纳斯（Venus）的形象有三重不同的含义。她是"万物之母"，是天国的神祇；是"一切爱与智慧的母亲"，是世俗的神祇；也是丘比特的母亲，象征着爱欲。这位神话中的女神叫作万物之母维纳斯。

椭圆形喷泉中的飞马珀伽索斯（Pegasus）的雕像也暗喻着道德。

维纳斯雕像〔如古罗马的西比尔（Sibyl）和艾菲索斯的狄安娜（Diana）〕都位于花园东侧，象征着美德。

奥尔根喷泉中也矗立着艾菲索斯的狄安娜雕像。

▲ 《蒂沃利的埃斯特庄园》（*The Villa d'Este at Tivoli*），作于17世纪，现藏于意大利佛罗伦萨彼得拉庄园

维纳斯的人工洞穴是恶的象征，是万劫不复的地狱，也是赫拉克勒斯要选择的两条路径之一的终点。

花园后方有着第二个入口，象征着从已知进入未知的征途的起点，类似于进入地下世界。只有少数天选之人才能从这里通过，比如神话传说中的英雄人物。

花园的西侧有一座罗马喷泉，这片气度恢宏的舞台象征着罪恶。

花园的大门外曾有车道，人们可以看到花园地势随阶梯向上抬高的壮观景象。参观者途经之处都有复杂的寓意，其中大多数都源自神话。游园路线反映了赫拉克勒斯的选择，小径繁复交错，引人入胜，最终登上陡峭的山丘，象征着德善的圆满。

和赫拉克勒斯的跋涉一样，迷宫象征着朝向最终归宿的征程和动力。

画中描绘的是埃斯特庄园的局部，尤其着重描绘了龙喷泉附近的景致。这是整座花园的核心，现在已经被绿植形成的屏障分隔开。

灌木和树木恣意生长，预示着文艺复兴晚期园林面临的危机。埃斯特庄园原本那规则的几何形构造已经不存。

雕塑已经脱离了原有的语境，丢失了彼此的关联，隐没在自然环境之中并与自然环境融为一体。

让-奥诺雷·弗拉戈纳尔（Jean-Honoré Fragonard）画埃斯特庄园时，满园荒芜的景色来自游客的直接证言。

▲让-奥诺雷·弗拉戈纳尔，《小花园》(*Le Petit Parc*)，作于约1765年，现藏于英国伦敦的华莱士典藏馆

位于意大利巴尼亚亚的兰特庄园（Villa Lante）的历史可以追溯到文艺复兴早期。那时，里亚里诺枢机主教在巴尼亚亚建造了一座身兼公园和狩猎场双重功能的园林。

枢机主教的花园

兰特庄园

枢机主教弗朗切斯科·冈巴拉（Cardinal Francesco Cambara）1566年得到了巴尼亚亚的庄园，取代旧狩猎场的新花园就是为他而建的。花园的设计在向建筑大师乔科莫·达·维尼奥拉（Giacomo Barozzi da Vignola）致敬。花园呈规则的几何形状，沿山坡延伸。山坡上建有若干个梯级以缓冲坡度，视野所及之处，梯级渐次展开，足见建筑师的高超技艺。花园旁边是一片树木茂盛的区域，有小径穿插其中，还有带着明显寓意的喷泉点缀，但仍富有荒野气息。事实上，这座花园被看作一条从自然世界走向艺术世界的路。步入树林，会看到珀伽索斯喷泉四周环绕着缪斯像，把整座山丘装饰成了帕纳塞斯山（Mount Parnassus）。所谓"橡子喷泉"（橡子对朱庇特而言有神圣的意义）和"巴克斯喷泉"[可能象征维吉尔（Virgil）描绘的黄金时代里像水一样流淌的酒]似乎都指向那个自然慷慨赐予人类赖以生存的资源的快乐年代。几何形的花园代表着人类将艺术凌驾于自然之上的时代。考虑到和朱庇特的年代的重合之处，可以推断树林所指的有可能是尚未被破坏的自然。第二条充满寓意的道路从花园最高处的洪水之穴起始，穿过铁器时代，最终到达朱庇特的年代。水，这种创造了生命的元素，从洞穴里倾泻而出，流经几个中部的梯级，最终平和地汇入荒野喷泉。喷泉位于花园中心，是自然被艺术征服的地方。

▼荒野喷泉局部，位于意大利巴尼亚亚的兰特庄园

水从洪水喷泉（Fountain of the Deluge）流出，经过几个平台流入水道，形状类似于一只虾，象征着负责将自然转化为艺术的弗朗切斯科·冈巴拉主教。

洪水喷泉位于几何形花园的最顶端，代表着极富戏剧性的黄金时代晚期和朱庇特标志着的新时代早期。在那个时代，人类将在走向文明过程中获得的艺术思维应用在了艺术实践当中。

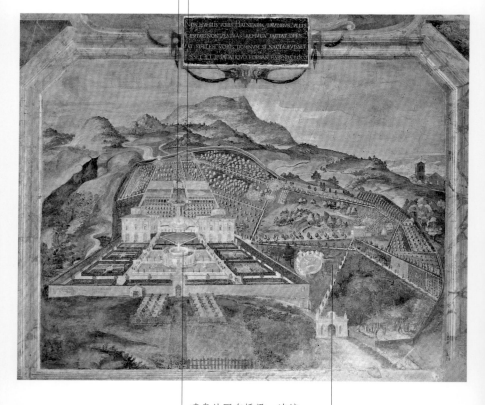

▲拉法埃里诺·达·雷焦（Raffaellino de Reggio），《兰特庄园》（View of the Villa Lante），作于约1575年，现藏于意大利巴尼亚亚的兰特庄园

喷泉外围有桥梁，连接着四个方形水池。水池周围有规整的方形花池，花池外侧原有木质栅栏环绕，花池内部也有小规模的喷泉。

林地里最显眼的莫过于帕拉纳索斯喷泉。它象征着缪斯的花园，象征黄金时代，是未被人力驯化的自然。

博马尔佐（Bomarzo）那些带有神圣树林的花园是1560年左右为维奇诺·奥西尼王子（Prince Vicino Orsini）建造的。

博马尔佐花园

从花园的雕刻中我们得知，花园始建于1552年，主人名叫博马尔佐。雕刻里也有一段格言铭文"Solo per sfogar il core"（意即放松你的心），似乎这座园林的建造初衷是反映人的内心世界。这像是某种奇观之园，园中有许多石雕艺术品。无数形态各异的雕塑矗立在自然而无序的林间：有在摔跤的巨人，有河神海神，有刻瑞斯（Ceres）和珀伽索斯，但也有一头大象、一只海豚、一只背上骑着女人的巨大海龟、守卫冥门的克尔柏洛斯（Cerberus），复仇女神三姐妹（the Furies）等。一些学者认为，波利玛特姆（Polimartum）远古墓地形象的出现凸显了这片园林超自然特点。波利玛特姆的墓地里有意大利伊特鲁里亚的带有海马、魔鬼和大蛇的墓穴，希腊地理学家斯特拉波（Strabo）指出此地还曾发现过一只巨型海龟。维奇诺·奥西尼是一个虚构的、文明程度相当高的人。他的花园灵感来源众多，至今成谜。有一种解释认为，花园的形制是一则哲学寓言，体现了王子对生死和来世的看法。其他人则把这座花园看作人类摆脱与生俱来的兽性，通往启示或精神成长的一条路。无论花园的寓意如何，神秘树林代表的都是对文艺复兴园林的几何模式的拒斥和超越，它的主要目的是给人带来惊喜和震撼。从这种意义上讲，它是巴洛克艺术的先声。

▼博马尔佐花园，食人魔头部的洞穴，作于1552—1553年

帝王的花园

◀罗伯特·拉施卡（Robert Raschka），
《美泉宫一景》（*View of the Palace of Schönbrunn*）局部，作于19世纪下半叶，
现藏于奥地利维也纳美泉宫

欧洲17世纪确立的专制政体不仅影响到了社会经济领域，也塑造了文化艺术最为高超的表现形式。

巴洛克花园

特征
空间视觉的构建；纪念碑式的植物塑形

象征意义
通常取决于花园用于哪些大型庆祝活动

相关词条
绿雕；岩穴；水；舞台；花坛；园中爱情；园中节庆

▼皮耶特·申克（Pieter Schenck），《赫特鲁城堡》（*Perspective of the Château of Het Loo*），作于17世纪晚期，现藏于荷兰赫特鲁博物馆

巴洛克花园大刀阔斧地改造了自然环境，是权力的象征。那时，花园已经是王公贵胄宫殿里不可或缺的部分，展示着排场和威仪。花园面积阔大，园内笔直的通衢纵横交错，划出巨大的几何网格，园林则在眼前延伸开去，同街衢一起消失在遥远的没影点。仅一座园林就能占据一整个山谷的面积，因为建设园林的初衷就是为了"留住永恒和无限"。如果说文艺复兴时期的意大利园林最为出众，那么这一时期的法国古典园林便是以新的审美原则辐射欧洲各国，为园林艺术立法。巴洛克花园里的道路又宽又长，营造出开阔的视野，让人的注意力汇聚到宫殿建筑上，也让目光从宫殿本身向四周散开。每一寸可以制造视觉奇观的土地都得到了最大化的利用。花园和地形的深度融合需要建筑师更加注意自然元素，而自然元素在巴洛克花园中的地位是决定性的。园中有人工岩穴、礁石和岩石，喷泉和睡莲的规模大过以往，水体宽阔，有时也叫"水上花坛"，镜子般的水面让空间愈显宏大。花园能容纳大量人群，举行焰火表演，上演音乐剧和戏剧，庆祝各类宫廷里常见的节日。通常认为，巴洛克花园表现了人类雄踞自然之上的主体地位。实际上，花园规则的布局也和当年的哲学思想相符，反映了自然本身的规律性，也体现了对牛顿力学和笛卡尔的理性主义的推尊。

1767年，路易十四（Louis XIV）视察了马尔利地区的情况，并委托芒萨尔（Mansart）负责建筑工程。工程于三年后动工。

在王宫两侧，芒萨尔设计了六座亭台，在主水池边连成一线，象征着黄道十二宫。

客人所在的亭台距离宫殿越近，客人便越受国王欢迎。

芒萨尔用规则的、对称的结构成功地赋予野性的自然以秩序。园林于是成了恢宏的艺术杰作，每个细节都尽在掌握，表现了人对自然的绝对控制。

▲皮埃尔-德尼·马丁（Pierre-Denis Martin），《乘马车的年轻路易、饮水槽和马尔利的城堡》（*The Young Louis XV in a Carriage, with Drinking Trough and Château de Marly in View*），作于1724年，现藏于法国的凡尔赛宫与特里亚农宫博物馆

巨大的水面带有反光效果，尽可能地扩大了园林的表现空间。

安德烈·勒·诺特（Andre le Nôtre）花费了将近二十年的时间，为路易十四的亲属孔代亲王（Count of Condé）修筑了尚蒂伊的园林建筑群。

大型的水上花园水面宽阔，倒映着天空。水面中心设有喷泉。

勒·诺特在水面周围种植了鲜花。

运河进入花园后，汇聚成一片阔大的水域，供体育竞技或休闲娱乐之用的船只可以停泊在水面上。这些船只的形制往往十分华丽奇特。

尚蒂伊公园的两大中轴之一东西横贯大运河。运河是为游览观光而修筑的，建于1761年至1763年，长约2.5千米。

▲《尚蒂伊城堡》（*View of the Château of Chantilly*），
作于17世纪晚期，现藏于尚蒂伊的孔代博物馆

沃勒维孔特（Vaux-le-Vicomte）花园原本是为路易十四的财政总监修建的，它觊觎着凡尔赛宫的宏伟气象，象征着对王权的挑衅。

违命之园

　　沃勒维孔特花园的园林与建筑是三位艺术家首次通力合作的成果：画家安德烈·勒·布朗（André le Brun）、建筑师路易·勒·沃（Louis le Vaux）和园林设计师安德烈·勒·诺特。这项浩大的工程由尼古拉斯·富凯（Nicolas Fouquet）委托，于1656年开工。城堡位于园林中心的一片人造的优势地带，那里修筑了三级巨大的阶梯，可以调整原有地形的倾斜。一条悠长的视角中轴从宫殿开始延伸开去，直抵花园尽头，装饰华美的花床和带喷泉的水池交替着出现，伴着目光一路望向丘陵的顶端。小丘顶端耸立着高大的赫拉克勒斯神像（法纳斯的赫拉克勒斯神像的复制品），神像则回望着城堡的方向。神像象征着力量，代表着富凯作为显赫的财政大臣和受过良好教育的艺术赞助人的地位。沃勒维孔特花园是第一座以不同视角的景观呈现为主要关注点的园林。其实，勒·诺特为了营造平面效果，特地规避了文艺复兴的视角理念，创造了独具一格的新体制，可以凸显出一些具有戏剧性的景观，也能隐藏或者弥补总体效果上的不足之处。此举拓宽了视角，让视觉纬度越发扩大。园林完工后，便在1661年8月的一次盛大的接待活动中向法国国王揭幕，但财政大臣的好大喜功却引来了国王的妒忌和猜疑。几周之内，富凯便身陷囹圄，终身系狱。

▼依思雷尔·西尔韦斯特（Israël Silvestre），《沃勒维孔特花园一景》（*View of the Garden of Vaux-le-Vicomte*），作于17世纪，现藏于法国国家图书馆

精心修剪的绿墙后，树木的排布形式让画面中心的城堡更加突出。

宽阔的大道把视角引向城堡，也把目光从城堡向四周引开，这是巴洛克花园的重要特征。

中央大道宽阔的视野越过了花圃和水池，把目光直接引向城堡建筑。

▲ 《玛丽亚·莱辛兹卡皇后来访》
(*Visit of Queen Leszczyńska at Vaux*)，作于1728年，私人藏品

在呈规则几何形状、用于庆典活动的花园外，是一片更为幽僻隔绝的树林。林地里适合召开秘密会议，进行私人谈话，和花园中心区域的富丽堂皇相去甚远。

凡尔赛宫花园是安德烈·勒·诺特的杰作，是17世纪欧洲的象征，是人高踞自然和世界之上的印记，是恢宏的皇家气度的佐证。

凡尔赛宫

　　勒·诺特最初的设计已经包含了凡尔赛宫绝大部分最重要的元素，在1662年至1668年间施工完成，但凡尔赛宫还是耗时三十多年才最终全部竣工。花园的两条轴心经过罗经点，主轴从王宫起始，经过无穷无尽的园圃、树丛、喷泉、运河和大道，直抵视线所及的最远方。从高高的树篱围绕的"绿屋"到雕塑、建筑和城市元素，每一种装饰物都和阿波罗这位太阳之王有关。弗洛拉（flora，花神和花园女神）、西风神（Zephyr）、海厄辛斯和克里提亚（Clitia）都曾被阿波罗变成花朵，他们的塑像就代表着南方的花园。代表着季节、日夜、四片大陆和四种元素的雕塑也称颂着阿波罗的传奇。阿波罗喷泉位于运河的一端，在喷泉中阿波罗和他的战车一起跃出海面，而阿波罗的回归则体现在阿波罗池的洞窟中。

特征

凡尔赛宫在人们眼中是一座宏伟的舞台，就它的城镇、城堡和公园而言都是如此，而这三者又被一条气势如虹的中轴穿缀起来，通向城堡，延伸到公园

象征意义

凡尔赛宫布局的核心就是太阳神阿波罗的荣光，而阿波罗又是太阳王路易十四的象征

相关词条

绿雕；岩穴；雕塑；迷宫；水；园中科学；作为时尚的漫步

◀法国画派艺术家，《阿波罗池与大运河一景》（*Perspective View of the Basin of Apollo and the Grand Canal*），作于约1705年，现藏于法国凡尔赛宫与特里亚农宫博物馆

宽阔的街衢和视角向宫殿集中，又从宫殿四散开来，延伸向无尽的远处。国王如暴君般征服了自然，花园不仅代表着他对领土的主权，更象征着对朝廷、帝国的主权。

从一个核心辐射出的小径中也能清晰地看出太阳的象征。这个闪耀的太阳的中心地带便是国王的宫殿，宫殿四周的街道四散开来，街道又构成了四周城镇的主轴，象征着太阳的光辉射进了历史的世界；而街衢又延伸到公园里，象征着光芒照进了自然。建筑群落的构造似乎表现了路易十四扩张主义的思想。

从一个中心向四周辐射的大道就像太阳
向四周辐射的光芒一般，让人想起花园
的太阳寓意，但这种设计也有十分实用
的目的，即可以让视角更为开阔。

笔直的街道、开敞的空间和水
池边的空地上、在主轴交错
的交点周围，都种满了灌木。
这种格局的主要特点就是要保
证主轴不被阻碍，同时也要防
止树丛侵入空旷地带。

巴洛克花园的营造思路有两
种。其中一种把花园作为庄
严的舞台，提供了无穷无尽
的空间，可以举办节庆活动，
花园的布局的模式是节庆的、
有道德寓意的；而另一种模
式的规模相对精巧，它本质
上是注重人的感官感受的，
园中有小片林地，而背景中
的树木蓊蓊郁郁，为抓住转
瞬即逝的欢乐营造了亲密的
氛围。

▲皮埃尔·安托尼·巴戴尔（Pierre Antoine Patel），
《凡尔赛城堡与花园一景》（*View of the Château and
Gardens of Versailles*），作于17世纪，现藏于法国
凡尔赛宫与特里亚农宫博物馆

网格状的亭子是迷宫入口处
笔直小径的没影点。

水和植物在凡尔赛宫
的 "绿色剧院" 的
装潢中交替出现。 这
是一片名副其实的舞
台， 是社会活动和世
俗集会的背景。

迷宫里的小径边点缀
着雕塑和喷泉， 表
现着伊索寓言中的场
景。 入口处的两座喷
泉代表着狐狸与鹤的
故事。

▲让·科泰勒 （Jean Cotelle），《凡尔赛宫花园内迷宫的树丛 》
(*View inside the Grove of the Labyrinth in the Gardens of
Versailles*)， 作于17世纪晚期， 现藏于法国凡尔赛宫与特里
亚农宫博物馆

障碍物、 精心制作
的藩篱、 木篱和棚
架让绿色植物在圈
定的空间内生长。

在公园里，树丛将空间进一步划分，和周遭雄伟的建筑区分开，创造了一片更适合亲密接触的封闭环境。

树丛和开敞空间的关系是紧张的，而不是一方征服另一方。

花园的生命力来自正空间和负空间的并存，来自通透的视角和四周密林的并存，法式花园尤其如此。这种微妙的、极易破坏的平衡需要日复一日的精心维护。

▲让-巴普蒂斯特·马丁（Jean-Baptiste Martin），《从龙水池看凡尔赛城堡》（*View of the Châteaux de Versailles from the Basin of the Dragon*），作于17世纪晚期，现藏于法国凡尔赛宫与特里亚农宫博物馆

1620年，腓特烈五世选帝侯（Prince Elector Frederick V）委托萨洛蒙·德·科（Salomon de Caus）建造了帕拉蒂努斯花园（Hortus Palatinus）。有人把这座花园视为世界第八大奇迹。

帕拉蒂努斯花园

特征
花园由两片彼此垂直、呈阶梯状的长条形地块组成

象征意义
赞颂自然元素的荣光和腓特烈五世选帝侯

相关词条
奇观之园；波摩娜的花园

▼萨洛蒙·德·科，《海德堡花园中的柑橘种植园》（*Orangeire of the Garden of Heidelberg*），选自《波希米亚的弗雷德里克·金花园》（*Hortus Palatinus a Friderico rege Boemiae*），法兰克福，1620年）一书

花园由两片彼此垂直、呈阶梯状的长条形地块组成，花园依山而建，山顶坐落着城堡。园中有水池和喷泉，饰有雕塑和石像。园内还有人工岩穴，岩穴中应该还有模仿现实的景观和彼此交谈的雕像，还有机械喷泉产生的音乐声为这些场景伴奏。帕拉蒂努斯花园的图像系统有两个突出主题，其一是赞颂自然的荣光、赞扬君主。自然元素体现在比如河神、刻瑞斯和波摩娜（Pomona）的雕塑和浅浮雕之中，而象征着四季的花圃则是敬献给罗马神话中的四季之神威耳廷努斯（Vertumnus）的。不过，君主形象的寓意就不是这样明显了。腓特烈五世选帝侯的雕像矗立在最高一级花园的角落，从最高点俯视着整座花园。这位国王也化身为罗马神话中的海神尼普顿（Neptune）。诗人维吉尔曾写道，尼普顿能安抚那些反抗人间君主的人。此外，他也以阿波罗、赫拉克勒斯和威耳廷努斯的形象出现过。莱茵河河神和支流美茵河、内卡河神的雕塑都象征着国王的领土。腓特烈本想在新教徒和天主教徒之间建立一片宽容地带，但不幸的是，三十年战争打响以后，他的计划落空了。他的花园仅存的物证是萨洛蒙·德·科的一部书。从这本珍贵的文献中，我们能在想象中重建这片从未真正完工的花园的原初构造。

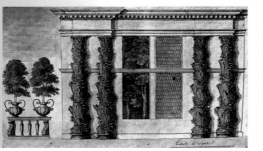

从形式上看，花园的设计遵循着两条原则。其一是表面宽阔平坦，其二是园内阶梯逐级下降，这一点和意大利花园类似。

莱茵河喷泉位于主阶梯上，而美茵河和内卡河喷泉位于较低的阶梯，主次高下关系分明。

这片迷宫象征的可能是教皇保罗五世在腓特烈五世选帝侯加冕为波希米亚国王后所说的一段话。他曾警告说，波希米亚可能会迷失在肮脏的迷宫里，无计救赎。

环形花床是按花期排布的，这样花会按顺时针顺序枯荣。

▲雅克·富基埃（Jacques Fouquières）、《帕拉蒂努斯花园》（*Hortus Palatinus*），作于约1620年，现藏于德国海德堡普法尔茨博物馆

16世纪，马克西米利安二世（Maximilian II）将一座带防御工事的磨坊连通周围的农场改造成了狩猎场。美泉宫（Schönbrunn）就是在这片狩猎场上建成的。

美泉宫

特征
它代表着花园从雄伟壮阔到庄严静穆的转变

象征意义
称颂君主；塑造肃穆、开明的君主形象

▼罗伯特·拉施卡，《美泉宫一景》，作于19世纪下半叶，现藏于奥地利维也纳美泉宫

美泉宫建成不久即得名，Schönbrunn意即"可爱的源泉"。1612年，神圣罗马帝国皇帝马蒂亚斯（Emperor Matthias）在狩猎集会中发现了一眼泉水，美泉宫因而得名。17世纪晚期，罗马帝国皇帝利奥波德一世（Emperor Leopold I）击败土耳其后，想将美泉宫作为皇权的象征，为他的儿子建造一座和法国凡尔赛宫媲美的皇家宫殿。这一项目委托给了建筑师约翰·贝恩哈德·菲舍尔·冯·埃尔拉赫（Johann Bernhard Fischer von Erlach）。他起初收到了一份相当宏大的设计方案，最终的方案也同样富丽堂皇，但建筑规模相对略小。这样一来，宫殿建筑就成了无法忽视的中心前景的焦点。在街衢尽头、小丘顶部，建筑师最初设计了一座亭子，亭子的样貌能让人联想起梵蒂冈宫。花园的施工数度暂停，又数次重启，最终在奥地利的玛丽亚·特蕾莎皇后（Empress Maria Theresa）手下完工。她曾对花园的设计尤其是美学观念进行过调整。无穷无尽的空间的诗意美已经被摒弃，花园分成多个园区，园区四周都有绿篱环绕。每个园区的几何形状各不相同，经常有雕塑装饰点缀，且在主干道上难窥全貌，但都是幽僻的所在，总能给人带来惊喜和迷幻。花园没有遵循整齐划一、规模宏阔的设计方案，也没有采用英雄气概、充满胜利喜悦的法国腔调，它更适合不热衷个人崇拜、专注行政职责的庄严肃穆的开明皇室。

1773年，贝纳多·贝洛托（Bernardo Belloto）早已完成这幅画的创作，而在玛丽亚·特蕾莎皇后的要求下，园中高大的绿篱前又增设了一列雕塑。这些造型简单的雕塑灵感来源于神话和历史，设计的初衷就是和那些仍旧记载着哈布斯堡家族和罗马君主的荣耀的符号形成对比。

迷宫由高大的树篱建成，参照了花园迷宫（Irrgarten）的模式，一片错杂的小径中很容易让人迷失方向。迷宫的形制特点也让它成了"公众场合不宜"行为的聚集地，于1892年被拆毁。

芳作的男子形象显示，如此这般的花园必须进行持续的维护工作。

种在花盆中的树木通常是柑橘树，在室内越冬，到了温暖的季节便会移到室外。

▲贝纳多·贝洛托，《维也纳的美泉宫城堡》（*Schönbrunn Castle, Vienna*），作于约1750年，现藏于奥地利维也纳艺术史博物馆

在卡塞塔（Caserta）的王宫花园，可以邂逅文艺复兴和巴洛克艺术传统，也可以看见一座多年后建成的英式花园。

卡塞塔王宫花园

特征
花园结构核心是一条单一纵轴；宫殿距离瀑布足足有3千米之遥

象征意义
神话与寓言让人联想起自然环境、狩猎活动和波旁王朝在西西里岛的统治

相关词条
风景园林

▼雅各布·菲利普·哈克特（Jacob Philipp Hackert），《卡塞塔的英国园林》（*The English Garden at Caserta*），作于1792年，现藏于意大利卡塞塔王宫

1750年，波旁王朝的那不勒斯国王查理四世（Charles IV）委托路易吉·万维泰利（Luigi Vanvitelli）建造了这座王宫。公园的最终结构基本忠实于万维泰利的最初设计，但也有所简化。万维泰利于1773年逝世，其子查尔斯（Charles）接替他完成了花园的建设。花园有一条纵向的轴心，分布着交替出现的绿地和水池。水从山上流下，经过喷泉、低洼的盆地、层层叠叠的小瀑布和样式简约的水池，最终到达王宫处。园中规模恢宏的喷泉形象取诸奥维德的《变形记》，凸显了花园的象征主题：自然与狩猎。狩猎在波旁王朝时代颇受欢迎。这场充满寓言色彩的行旅从玛格利塔喷泉起始，玛格利塔喷泉是视角中轴的起点，一直通向瀑布。水这一元素在海豚喷泉中得到体现，随后出现的风神埃俄罗斯（Aiolos）形象则代表着风。接着，又出现了代表大地的刻瑞斯的雕塑，她随身佩戴的圆形挂坠展示着特里纳克里亚岛（Trinacria，西西里旧称）的形状，维纳斯、阿多尼斯（Adonis）、狄安娜和亚克托安（Actaeon）的雕塑群则象征着狩猎。大瀑布汇入喷泉池内，让喷泉成了花园中最为华彩的视觉焦点。英式花园则是18世纪晚期在奥地利的玛丽亚·卡罗琳娜（Maria Carolina）命令下修建的，和花园原本的设计风格大异其趣。

大瀑布的水从一处人工岩穴中流出，
这处岩穴建筑样式简朴，设计之初
作观景台之用。

亚克托安的戏剧场景分为
两处：右侧是狄安娜和
一众仙女沐浴，左侧则
是围绕在自己的狗群中间
的亚克托安即将变成雄鹿
的情景。

狄安娜和亚克托安喷泉
构成了一则有关狩猎的
寓言，是整座花园的中
心视点。

▲那不勒斯画派艺术家，《卡塞塔王宫花园的第一级瀑布》
（*The First Cascade at Caserta*），作于19世纪晚期，现
为私人藏品

俄罗斯征服瑞典后，彼得大帝（Peter the Great）的影响力延伸到了波罗的海。在彼德霍夫（Peterhof），他终于找到了一种能象征俄罗斯荣耀的建筑风格。

沙皇的花园

特征
花园结构上分为两部分，一部分地势较高，一部分地势较低。宫殿建筑将花园连接在一起

象征意义
在俄罗斯击败瑞典后，称颂俄罗斯获取海上统治权的荣光

1715年，彼得大帝决定在芬兰海湾南岸的新城圣彼得堡附近修筑一座城堡。城堡建筑群名叫彼德霍夫。彼得大帝曾到访路易十四的宫廷，凡尔赛宫给他带来了巨大的震撼，所以他希望这座花园也能让人产生法式花园的联想，尤其是要让人想到凡尔赛宫。他从法国请来了勒·诺特的学生，建筑师让-巴蒂斯特·亚历山大·勒·布朗（Jean-Baptiste Alexandre Le Blond）。勒·布朗将花园修筑在一片面朝芬兰湾的梯地上，能远远望见圣彼得堡的屋顶。这样，彼得大帝就能永远将俄罗斯的新首都尽收眼底了。宫殿的选址让勒·布朗得以修筑两座花园，一座地势较高，望向陆地；另一座地势较低，优雅地沉向海面，而宫室则将两处花园连在一起。高处的花园中有许多水池，是

瀑布和低处花园中喷泉的水源。较低的园中有一处尤为壮观的大瀑布，从宫殿底端流出，流经大理石阶梯，汇入一片距顶端高差16米的圆形喷泉池，最终沿运河注入海洋。圆形喷泉名叫力士参孙喷泉（the Fountain of Samson），是花园的主要视觉中心之一。池中央有小岛，岛上体格雄健的参孙正和狮子赤膊打斗，狮子的掌中喷出一股泉水，喷泉射程足有近20米。这座雕像象征着俄罗斯在战争中大胜瑞典，再次征服了波罗的海海边的领土。

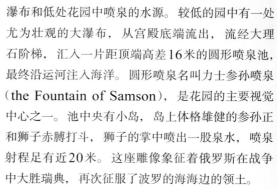

◀瓦西里·伊万诺维奇·巴热诺夫（Vassily Ivanovich Bazhenov），《彼德霍夫花园里的龙瀑布》（*The Waterfall of the Dragon in the Peterhof Park*），作于1796年，现藏于俄罗斯圣彼得堡彼德霍夫宫

地势较高的花园位于宫殿
建筑后身，面向陆地；地
势较低的花园则面向海洋。

参孙与狮子搏斗的雕塑象征着俄罗斯
大胜瑞典，再次征服了波罗的海边的
领土。宫殿建筑正面对着这片被征服
的土地，营造出了沙皇威加四海的视
觉效果。

下方花园里小瀑布
中的水流下大理石
阶梯后，汇入了一
片面积较大的水池。

▲伊凡·康斯坦丁诺维奇·埃瓦佐夫斯基（Ivan Konstantinovich Ayvazovsky）、
《彼德霍夫，城堡和大瀑布》（*Peterhof, the Château, and the Great Waterfall*），
作于1837年，现藏于俄罗斯圣彼得堡彼德霍夫宫

荷兰花园的艺术理念与荷兰民众的加尔文主义、共和主义思潮有千丝万缕的联系，和富丽堂皇的巴洛克艺术分道扬镳。

荷兰花园

特征
设计通常对称，花圃和小空间形状整，园中繁花似锦

象征意义
花园反映了荷兰严肃冷峻的加尔文主义思想

相关词条
水；花坛

▼ 老扬·范·克塞尔（Jan van Kessel the Elder），《带喷泉的花园》（*Garden with Fountain*），作于16世纪，收入英国罗伊·米尔斯（Roy Miles）名画展

荷兰花园脱胎自文艺复兴园林，有相当成熟的科技作为支撑。塑造了荷兰花园的哲学思潮认为自然既是实用的又是神秘的，是人与上帝冥契会通的地带。在深受宗教思想浸淫的文化中，将异教神话融入雕塑恐怕不是能让人轻易接受的事情。因此，荷兰花园有意省略了这类寓言，大量展示基督教的象征符号，最终在文艺复兴艺术法则的基础上创制出了一套自己的语法体系。荷兰花园通常不大，设计中规中矩，讲求对称，可以分成若干独立的小区域。这些区域通常呈方形，四周有高耸的篱笆。花园周围常有绿植和运河环绕，运河一般修筑在低洼的围垦地里。荷兰花园中当然有水，但水出现的形式经常是如镜子般静谧的池塘和缓缓流动的运河，水的角色并不像意大利花园中那样突出。在设计规规矩矩的花园中，人居并不总是位于中心，有时会掩映在树丛里，为那些沿小径寻幽揽胜的人营造了亲密的隐逸气息。荷兰花园的另一特色，是花床或者花盆里种植着的繁花，尤其是郁金香。17世纪下半叶，郁金香开始走俏，与此同时，雍容华贵的法式花园开始在荷兰扩散，在奥兰治的威廉（William of Orange）任下尤为迅速。

古代4月30日至5月1日间的夜晚标志着一年中温暖季节的到来，是春天里类似于新年的节日。基督教吸纳了这则神话传说并加以改造，成为现今的五朔节。传说中这一夜女巫和邪灵纷纷集会，随后被圣·沃尔珀哥（Saint Walpurga）的祈祷驱散。

建筑面前的小花园又细分成对称的花床。

5月1日，邪灵被驱散之后，人们通常在市镇中心树立一根从林间采伐来的木桩，将节庆仪式变成了私人集会。图中所示的木桩便是知名的五朔节花柱。

▲皮特·居泽尔（Peeter Gysels），《五朔节花柱下奏乐的优雅人物》（*Elegant Figures Playing Music around the Maypole*），作于17世纪下半叶，现为私人藏品

画面前景中位于宫殿侧面的空间和人居前部的空间有篱笆隔开，形成对比。在这片小小的封闭区域内，一众男女在欣赏音乐、玩乐嬉戏。

花园的一侧沿着运河，一艘带装饰的小驳船正载着一船男女赶来，到五朔节花柱下庆祝节日。

园中有形态各异的水果形花床，展现了荷兰园林开风气之先的创造力。

花卉种类很难判定，只能确定少数几株郁金香和远近闻名的皇冠百合。皇冠百合笔直生长，是一种贝母植物，一度被认为是最美丽的花园装饰物。

▲约翰·雅各布·瓦尔特（Johann Jacob Walther），《荷兰花园》（*Dutch Garden*），作于1650年，现藏于英国伦敦维多利亚和阿尔伯特博物馆

脆弱的植株在花盆里培育，以便在低温时节移入附近的温室。

花园四周有高墙和外界隔绝，仍然保留着中世纪密闭的建筑形式。这是一片人间天堂，和外界尚未散去的三十年战争的威胁分隔开来。

16世纪中期，奥地利驻伊斯坦布尔领事从土耳其引进了郁金香，随后郁金香很快风靡欧洲，在荷兰尤其受人青睐。

郁金香热

17世纪，郁金香成为荷兰种植最多的花卉。荷兰花匠用嫁接法培育了诸多形状各异、五彩缤纷的变种。然而，对郁金香的热爱不只局限于植物学家和花卉研究人士之间，而是形成了一股席卷欧洲园艺市场的大潮，把郁金香变成了奢侈品。王公贵族和富庶的平民都被郁金香的魅力俘获，因为郁金香里有大自然的万种风情。人们会选购最奇异、最罕见的品种装饰花园，巴洛克艺术中颇受欢迎的花谱和花卉绘画更是让郁金香的形象不胫而走。在荷兰，对郁金香的钟情汇集成了名副其实的"郁金香热"，那是现代历史上第一次投机狂潮。1630年前，买花还只是植物学家和一小部分花卉爱好者的专属特权。但当普通买家也买得起花时，需求量就陡然攀升，阿姆斯特丹甚至出现了特殊的交易机构，人们可以赌待放花卉的颜色，然后大赚或者大输一笔。1637年花卉价格骤降时，即便三级会议直接插手也无法挽救局势了。这次事件引发了一场公众教育运动和对郁金香热的谴责，教育运动和谴责的排头兵大多是受价格骤跌影响最巨大的城市的行政官员。

▼让-巴蒂斯特·乌德里（Jean-Baptiste Oudry），《墙前的郁金香花床和花瓶》（*Bed of Tulips and Vase of Flowers in Front of a Wall*）局部，作于1744年，现藏于美国底特律艺术馆

本图为克里斯皮杰·范·德·巴斯（Crispijn van de Passe）所著《花卉之园》（Hortus Floridus，1614）的卷首插图。这部书出版于1614年，是一本专门记载花卉的草本植物志。

花园四周围绕着人形柱支撑的、覆盖着绿色植物的拱形游廊。

图中的女性正在照料的郁金香是花园的主角。

这片精巧的荷兰花园进一步分成了设计独具匠心、几何形状美观的花床。

▲克里斯皮杰·范·德·巴斯，《花园之春》
（*Garden in Spring*），摘自《花卉之园》，
现为私人藏品

这幅画作谴责了郁金香热，抨击了这股热潮带来的危机。

花神弗洛拉的穿着打扮酷肖侍奉权贵的高级妓女，手中握着几株当时最炙手可热的郁金香。她身边有三位殷勤的侍者，头戴吟游诗人的帽子。这便是著名的《花神车上的愚人》（*Flora's Wagon of Fools*）。

车身后面，几名地位显赫的市民请求上车。

"暴食"（Gluttony）举杯向另几位敬酒，"贪婪"（Greed）摇晃着手里的钱袋，"健谈"（Discourse）则手握铃铛讲着放荡不羁的故事。

前方坐着两位女性，一位名叫"善忘"（Forget Everything），正在称量郁金香的球茎；另一位名叫"妄想"（Vain Hope），正在放飞象征着痴心妄想的鸟。

▲亨德里克·格瑞兹·波特（Hendrik Gerritsz），《花神车上的愚人》，约作于1637年，现藏于荷兰哈勒姆弗朗斯哈尔斯博物馆

背景中的打斗场景和握着一把郁金香垂泪的猴子形象，是郁金香热带来的悲剧后果的明证。

球根称重、用钱币或以物换物的方式支付后，还要仔细辨识郁金香的种类。

画中的猴子在做着与郁金香相关的种种交易，象征着人类黑暗、罪恶的一面。

▲小扬·勃鲁盖尔（Jan Brueghel the Younger），《讽郁金香热》（*Satire of Tulipomania*），作于17世纪，现为私人藏品

18世纪初，庄严富丽的法式花园式微，一种更平易、更幽邃的花园渐渐兴起。

洛可可花园

　　洛可可花园独钟不对称的布局，花园有意地设计成无序的样子，可供人在充满魅力的亲密空间休憩娱乐。于是，花园再一次和外界自然风光分隔开来，转而注重园内。园中氛围适合静思冥想，能抚慰人心，人可以退居其间，享受田园牧歌式的乐趣。花园内部结构越发细碎，彼此独立的区域更加自由多样，最终看上去好似一片自主生长不受控制的园区，只有道路和仍旧规规矩矩的总体规划将这片园子黏合起来。花园已经不再是富丽堂皇的宫廷生活的一部分，而是世俗权贵和资产阶级的节庆场所，格外幽僻的空间提供着乡间生活的美好遐想。这一时期常见的主题是田园牧歌、户外嬉游、乡间情怀、万种风情和荒诞古怪。那个年代的美学理想则更重视人的维度，把美当作生命的魅惑加以创造阐发，用属于日常生活的或世外桃源的事物展现美。花园的装饰摒弃了先前的英雄故事主题和喜庆主题，更加精巧繁复、活灵活现，严肃的主题渐渐消隐。一些洛可可花园的结构更是兼收并蓄博采众长，甚至师法盛行一时的中国风格。佛塔、中国的亭榭和东方风格建筑在园中现身，给花园添加了异国风致。

◀ 弗朗索瓦·布歇（François Boucher），《手握葡萄的丘比特》（Cupid with a Cluster of Grapes），作于1765年，现藏于法国巴黎卡纳瓦雷博物馆

无忧宫建筑群是 1744 年开始由腓特烈二世（Frederick II）在普鲁士修建的。

"无忧宫"，意即修筑宫殿是为了追求无忧无虑的生活。无忧宫远离压抑森严的宫廷生活，是休憩娱乐的庇护所。

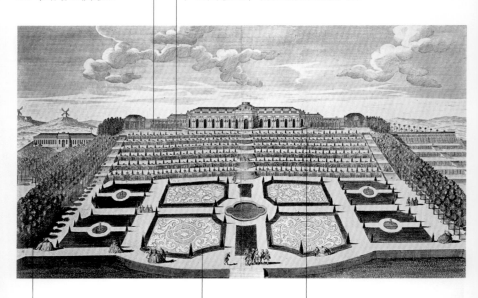

花园的外围有一排五列栗子树和胡桃树。

花园中心的花床分为四个部分，饰有织锦般的图案。

六层台地上有一座单层建筑。梯地挡土墙的凹陷处设有壁龛，葡萄藤和无花果树幼苗在法式落地玻璃门外生长着。

▲约翰·戴维·施乐恩（Johann David Schleuen），《无忧宫葡萄园风格的阶梯花园》（*View of the Vineyard-Style Terraces of the Châteaux of Sanssouci*），作于1748年，现为私人藏品

印度宫形制非同寻常，建筑时间较为晚近，清晰地展示着对慢慢进入园林艺术的东方建筑形式的热衷。

洛可可花园花圃、池塘和喷泉的样式越发复杂。直线设计渐渐式微，曲线逐渐增多，有时曲线甚至用到了极端的程度。

洛可可花园的主要目的不再是称颂权威、炫耀荣光，比先前的园林更为优雅。

奥古斯图斯堡建筑群完工于1720年，曾被科隆大主教当作夏季行宫。

▲弗朗索瓦·卢梭（François Rousseau），《奥古斯图斯堡花园中的印度宫》（*The Indian House in the Augustusburg Garden*），作于1755—1780年，现藏于德国布吕尔的奥古斯图斯堡的城堡

走向自由的花园

风景园林

奇斯威克：师法自然

特威克纳姆：诗人的花园

斯托海德风景园

斯陀园：政治与花园

雷普敦的花园

埃默农维尔园

威廉高地公园

马拉迈松

"崇高"的花园

◀安东·伊格纳兹·梅林（Antoine Ignaz Melling），
《马拉迈松公园》（*The Park of Malmaison and Bois-Préau*），作于1810年，现藏于法国吕埃-马拉迈松的马拉迈松城堡国家博物馆

风景园林诞生于18世纪民主的英格兰，自然与绘画之间的对话是风景园林的基础。

风景园林

特征
花园不再尊崇严整的几何规范，只是"有序规划"而已，大体上完全尊重自然环境

象征意义
自由与规矩的对抗；民主思潮与绝对主义的交战；崇敬自然

相关词条
花园中的东方元素

▼尼古拉斯·普桑，《皮拉摩斯和忒斯波在园中》（*Landscape with Pyramus and Thisbe*），作于1651年，现藏于德国法兰克福的施特德尔美术馆

风景园林灵感的主要来源之一就是风景绘画，尤其是尼古拉斯·普桑（Nicolas Poussin）、克劳德·洛林（Claude Loorain）和萨尔瓦多·罗萨（Salvator Rosa）描绘的17世纪罗马的原野风光。这类绘画在英国艺术家的作品中十分常见，用精巧细腻的颜色和光影、树木葱郁河溪纵横的平缓丘陵和四处散落的断壁残垣勾勒出了罗马的乡野风光。后来，绘画中的风物在园林中成了有形的景物。18世纪早期，新一代建筑师便摒弃了法国园林建筑的条条框框。在英国，对法国园林营造技艺的抛弃有着多种多样的意义。从根本上推动了这一创举的思想，就是脱离约束和限制。自然本身就缺少规律和秩序，人不能强迫自然接受规规矩矩的几何规范。如果说法式花园展现了法国的绝对主义，那么英式花园呈现的就是英国的自由主义。在自由主义看来，人不凌驾于自然之上，人只能赋予自然以秩序。于是，园林与自然之间变搭建起了一种承续关系，法式花园与自然环境之间分明的界线在这里模糊起来了。土地、树木、宽阔的草场在乡间铺展开来，而园林与自然环境唯一的区别就是，乡野是劳作的地界，有食草牲畜和运草的拖车，园林则点缀着古典建筑和人工的残迹，让人联想到令英国人心醉的罗马乡村。

斯托海德别墅花园（Stourhead Garden）的主人亨利·霍尔（Henry Hoare）拥有一幅本画的摹本。他的花园除了几处改动以外，基本沿袭了画中园林的组成顺序：从圆形的神庙，到石桥，再到带柱廊的建筑物。

罗马乡野绘画中有牧羊人和古建筑的残迹，是风景园林主要的灵感来源。

罗马风景画对自然风光的描绘是别出心裁的，画中的风物不再是人工作品，能以最好的状态展示自己的风姿。

▲克劳德·洛林，《德尔斐与行进中的人群》（*View of Delphi with Procession*），作于1660—1675年，现藏于意大利罗马的多利亚潘菲利美术馆

理查德·波义耳（Richard Boyle）是第三任百灵顿伯爵，第四任科克伯爵，是建筑师也是艺术赞助人。奇斯威克花园是奇斯威克大屋（Chiswick House）雄心勃勃的设计方案中的一部分。

奇斯威克：师法自然

特征
融合了齐整的园林建筑模式和风景园林的新思路

象征意义
体现了一种新型的、以大不列颠宪政的自由精神为代表的国家艺术风格

▼ 威 廉 · 贺 加 斯 （William Hogarth），《奇斯威克花园一景》（*View of Chiswick Garden*），作于1741年，现为私人藏品

从奇斯威克花园开始，园林艺术开始向风景园林过渡。奇斯威克花园的变迁主要经历了三个阶段，大体反映着英国园林艺术的历史。在百灵顿公爵以前，奇斯威克花园是按照意大利风格设计的。1724年到1733年间，花园经历重建，将古典建筑、有座柱廊和小树林一类的意大利风格［更准确地说，是新帕拉第奥（Palladian）风格］元素和三叉戟状的街衢和运河等法式元素结合了起来。最终，1733年到1736年间，花园开始有了师法自然的味道。地势起伏和缓，水草丰盈，颇为辽阔，小瀑布汇入一条蜿蜒而过的小河。奇斯威克花园的沿革，是英格兰贵族群体移风易俗的一种体现，是所谓"帕拉第奥圈"的典型作品。"帕拉第奥圈"中的艺术家能在帕拉第奥和谐的建筑杰作和古典建筑风格中发现一系列包孕着普遍真理的元素组合。

更加自由的自然视角、新古典主义建筑和风景园林便成了无法分离的要素，推动了艺术的重生，描绘了欣欣向荣的、自由的英格兰社会。

奇斯威克花园主体建筑西侧，曾经有一片形状酷肖希腊圆形露天剧场的小树林。林中有无数盆栽树木，树丛中卧着一片池塘，一座方尖碑耸立在池中央。

树木分为三列排布，暗示着启蒙运动关于秩序的原则。在冬季，树木会移入暖棚越冬。

花园的这一角落仍然显示着新帕拉第奥主义元素和法式元素的混合。如果移走树木，只剩下建筑本身，就不难看出园林环境模仿自然的努力了。

18世纪早期的英格兰倾慕古典风格，因此园林的建筑和装饰不可避免地反映着古典主义的趣味。

▲英国画派艺术家，《奇斯威克花园》(*Chiswick Garden*)、作于18世纪，现藏于英国伦敦维多利亚和阿尔伯特博物馆

特威克纳姆（Twickenham）花园折射着花园主人——亚历山大·蒲柏（Alexander Pope）的趣味。亚历山大·蒲柏是回归自然艺术思潮热情的拥护者之一。

特威克纳姆： 诗人的花园

特征
园林的核心结构都围绕着一条主干道展开，四周则更富有自然气息

象征意义
花园可以视作风景绘画

▼约瑟夫·尼克尔斯（Joseph Nickolls），《亚历山大·蒲柏在特威克纳姆的别墅》（*Alexander Pope's Villa at Twickenham*），作于约1765年，现藏于耶鲁大学英国艺术中心，保罗·梅隆（Paul Mellon）收藏

风景园林首先是一种流行于知识分子、哲学家、诗人、贵族、画家和建筑师中间的文化运动，他们都为园林艺术贡献了新思路。其中就包含了推动确立园林艺术新理念的诗人亚历山大·蒲柏。蒲柏的诗歌饱浸了对自然的深情，他相信在园林建设中必须向当地的智者请教，这样才能确定园林的形制。当时有一种新观点，认为园林建设必须尊重当地的自然环境，同时园林的艺术构思也不能拘泥于已有的先例，而是要研究周围环境。蒲柏说道："在建设花园的过程中，可以把景物置于暗处来创造遥远的视觉效果，植物越远，彼此距离就要越近，这和绘画中的处理方法类似。"这便使绘画与自然间的关系进入了新的阶段，蒲柏曾提出一个著名的论断，即"一切园林艺术都是风景绘画"，这句话记载在约瑟夫·斯彭司（Joseph Spence）的《逸事集》（*Anecdotes*）中。蒲柏在特威克纳姆庄园中建造了一座独一无二的花园，一条笔直的道路横贯园中，道路末端矗立着一座方尖碑，用来纪念蒲柏的母亲。四周的环境则更有自然气息，不规则的小路交错纵横，点缀着几片小树林和一片不大的湖面。诗人在园中安置的新古典主义装饰物有一座神庙、一座雕塑和一只瓮，均镌刻有铭文，以期园林能产生古画般的视觉效果。

17世纪的风景绘画，可以启发园林的建设。斯托海德风景园（Stourhead）就是典型的例子，它是在克劳德·洛林作品的启发下建造而成的。

斯托海德风景园

斯托海德风景园的建设开始于1741年。当时，银行家亨利·霍尔二世（Henry Hoare II）在威尔特郡的这片庄园永久定居了下来。花园的中央是一片湖泊，园中地势起伏，点缀着古典建筑：有太阳神阿波罗的神殿——一座带有柱廊的圆形建筑物；有农业之神刻瑞斯的神殿；还有一座万神殿，在湖泊对岸和前两座建筑物交相辉映。一座帕拉第奥风格的桥在湖面最窄处将两岸相连。在这座花园中，霍尔开天辟地利用自然提供的资源创作了如风景画一般的风景园林。万神殿的形制酷似克劳德·洛林1672年的名画《得洛斯岛上的埃涅阿斯与海景》（*Seascape with Aeneas on Delos*）中的阿波罗神殿，这幅画现藏于英国伦敦的国家美术馆。神殿和霍尔的建筑一样都有穹顶，正面设有六柱式的科林斯柱廊。阿波罗神殿前则有一片多利克柱式神殿的柱廊，神殿和斯托海德风景园的刻瑞斯神殿十分酷肖。当时有无数洛林名画的复制品在市场流通，亨利·霍尔没有洛林的这幅名画，但他却藏有洛林的《德尔斐与行进中的人群》的复制品，这幅画也按远近顺序描绘了园中的建筑。斯托海德风景园是一处追寻记忆的园林。置身其中好比一场理想的旅行，湖畔的每一座建筑都可供游人驻足欣赏。花园巧妙地再现了特洛伊英雄埃涅阿斯的旅程，建筑物则对应着维吉尔笔下的不同地点。

特征
花园中心有一片湖泊

象征意义
园中的景物象征着埃涅阿斯旅途中重要的经停地点。埃涅阿斯是维吉尔笔下的英雄人物，他从特洛伊出逃，成为神话传说中罗马人的祖先

▼亨利·弗里特克罗夫特（Henry Flitcroft），《斯托海德一景》（*View of Stourhead*），作于约1765年，现藏于英国大英博物馆

阿波罗神殿是仿照黎巴嫩的巴勒贝克神庙（Temple of Baalbek）修建的，是欧洲第一座仿巴勒贝克神庙的建筑。

万神殿（Pantheon，又称赫拉克勒斯神庙）让人联想到埃涅阿斯抵达埃温德（Evander）宫廷的情形，当时宫中刚好在举行献祭赫拉克勒斯的仪式。万神殿是按照洛林的《得洛斯岛上的埃涅阿斯与海景》中的神庙形象绘制的。

湖水让人想起台伯河。埃涅阿斯在河畔休息时曾经梦到过台伯河。

花园复原了田园牧歌式的自然景物，园中有大量的古典建筑，动物自由自在地吃着草，洛林的画仿佛在这里获得了生命。

▲科普尔斯通·沃尔·班菲尔德（Coplestone Warre Bampfylde），《斯托海德花园一景》（*View of Stourhead*），作于约1760年，现为伦敦私人藏品

在维吉尔的《埃涅阿斯记》（Aeneid）的启发下，洛林一共创作了六幅画，这是其中的第一幅。

斯托海德风景园的万神殿前有六柱式的柱廊，真实地还原了洛林画中的阿波罗神庙。

牧师阿尼奥斯（Anios）、埃涅阿斯、他的父亲安喀塞斯（Anchises）和儿子斯卡尼斯（Ascanius）站在一座面朝港口的多立斯式（Doric）神殿前。此景暗指《埃涅阿斯记》卷三中的情节：埃涅埃斯得知了关于他光明的未来和他的后代的预言。

对岸的多立斯式神殿也是在斯托海德风景园的刻瑞斯神殿中绘制的。

▲克劳德·洛林，《得洛斯岛上的埃涅阿斯与海景》，作于1672年，现藏于英国伦敦的英国国家美术馆

斯陀园（Stowe）是理查德·坦普尔爵士（Sir Richard Temple）的一则政治和哲学宣言，是辉格党的杰作。在园中适合静思美德与政治的关系。

斯陀园：政治与花园

特征
源自古代的多边形设计方案

象征意义
政治与道德的关系

▼约翰·派珀（John Piper），《斯陀园、别墅、八边形湖泊和谐的庙宇》（*Stowe, the Villa, the Octagonal Lake and the Temple of Concord*），作于约1975年，现为私人藏品

斯陀园最初的设计方案是五边形的，有着长长的放射状的轴线，后来设计方案作了调整。1735年前后，坦普尔扩建了公园，吞并了周边的土地。他聘请当时风景园林设计大家威廉·肯特（William Kent）主持扩建区域的设计工作。他在园林的西北方向修建了一座修道院和一座献祭维纳斯的神庙；在东侧，他计划修造一片乐土，这片田园牧歌式的田地拥有众多象征含义。形形色色的艺术造型和精心安排的古典建筑让田野始终处在政治与道德的交锋之中。连接在建筑之间的道路也有某种象征含义。古代道德神庙是仿照意大利蒂沃利的西比尔神庙（Temple of the Sibyl）建成的，神庙中供奉着古希腊最重要的人物的塑像。古典道德神庙的一侧是现代道德神庙，神庙是一片断壁残垣，暗讽当代道德衰落的社会现实。神庙内有一尊罗伯特·沃波尔（Robert Walpole）的无头半身像。沃波尔是坦普尔的政敌，坦普尔把他视作政治腐败的象征。不远处便是英国名人神庙，宽敞的神庙内摆放着神龛，供奉着十六位英国名人。这座庙宇传达着明确的信息：在崇尚道德这方面，英格兰光荣的历史，以及英格兰的哲学家、科学家、开明君主和自由的捍卫者，似乎不逊于古希腊文明。然而，事到如今，由于沃波尔这类可恶可鄙之辈的存在，英国道德已经变为一片废墟。复兴英国政治的希望，就在英国名人神庙当中，在那些今朝和往昔最为伟大的人物之间。

"哈哈墙"（ha-ha）是一道人工挖掘的壕沟，将园内与园外的空间区分开。因为壕沟不会造成视觉障碍，能让人将景物尽收眼底，哈哈墙也象征着新的自由理念。

乔治二世（George II）手下负责掌管皇家园林的查尔斯·布里奇曼（Charles Bridgeman）虽然是率先反对正规模式的人之一，却是个保守派。

理查德爵士（Sir Richard，第一位科巴姆子爵）坐在椅子上，听查尔斯·布里奇曼向他介绍斯陀园的圆形庙宇。

▲雅克·里戈（Jacques Rigaud），《斯陀园的圆形建筑和女王剧院》（*The Rotunda and Queen's Theatre at Stowe*），作于约1740年，现为私人藏品

建筑物四周的自然环境可以自由生长，不再受几何规则的束缚。

在往昔伟人的半身像旁边，陈列着今人的画像，如亚历山大·蒲柏，还有品行出众的政治家，如因与沃波尔较量而得名的民主派政客约翰·巴纳德（John Barnard）。这些模范和榜样寄托着英格兰未来的希望。

英国名人神庙是花园中寓意最为强烈的一处建筑，代表着信念与希望。

▲托马斯·罗兰森（Thomas Rowlandson），《英国名人神庙》（*The Temple of British Worthies*），作于18世纪晚期，现藏于美国加利福尼亚州圣马利诺的亨廷顿图书馆、艺术收藏与植物园

汉弗莱·雷普敦 （Humphry Repton） 的作品拓展了园林的概念，成了当时最杰出的风景园林艺术家，也为他的园林作品留下了丰富的文字记录。

雷普敦的花园

在《红书》（*Red Books*） 中，将自己定义为风景园林设计师的汉弗莱·雷普敦为读者提供了许多花园施工前后的对比图。 这样一来， 绿色花园设计便比单纯的绘图更清晰了。 书中介绍了短短几十年间园林艺术发生了怎样翻天覆地的变化。 水彩画里， 花园里随处可见中产阶层的家庭，他们散步、 运动， 或者在树荫下座谈。 建筑正面的古典元素很少出现， 雕塑和带赫耳墨斯头像的精雕细刻的石柱都已经消失不见， 曾出现在斯托海德风景园和斯陀园中、 表达着某种确切含义的富于寓意和象征意义的文化指涉体系，在雷普敦的花园里也纷纷式微。 花园主人的选择不再由文化需求决定， 而转向获得即刻的视觉满足。 这一时期， 花园建筑风格又有了新的规定， 比如要让花园主人选择自己最中意的设计方案， 此外也要考虑单纯的美学原则。 雷普敦钟情自然元素胜过文化元素， 他认为花园应适合人居，而且绘画作品中的自然环境绝不是受过教育的人的栖居之所。 人必须驯服自然， 让自然环境更加宜居。 雷普敦既不全然是法国古典主义的拥趸， 也不完全是风景园林的信徒， 而是从两种思潮中选出了最契合他园林思想的要素。

象征意义
花园摆脱了象征意义，迎合单纯的视觉满足

相关词条
花卉

▼汉弗莱·雷普敦，《约克郡温特沃斯的水》 （*Water at Wentworth*）， 选自 《风景园林理论与实践观察》 （*Observations on the Theory and Practice of Landscape Gardening*， 伦敦， 1803年）

新中产阶级在工业革命的浪潮中崛起，雷普敦成了中产阶级需求的代言人。

在上图中，雷普敦描绘了园林施工前的样貌。那时的丘陵上还覆盖着茂密的森林。

▲汉弗莱·雷普敦，《白金汉郡西威科姆》（*West Wycombe*），改造前风景与改造方案，选自《风景园林理论与实践观察》

虽然雷普敦的改造方案需要砍伐掉画面中心的一片树林，但伐木后的区域又成了新的风景园区，周围的风光也成了风景园林的一部分。

风景园林虽然是人工斧凿的结果，却能和自然景融为一体。在雷普敦的影响下，"风景园林"渐渐成了"英国风格"的同义词。

1766年，吉拉尔丹侯爵（marquis de Girardin）和建筑师让·马里·莫雷尔（Jean-Marie Morel）构思设计了埃默农维尔（Ermenonville）园。埃默农维尔园是欧洲最杰出的风景园林。

埃默农维尔园

整座园林分为三大区域，城堡南部的园区，中心有一片湖泊；城堡北部的园中曾有一座小公园；城堡西侧的园区名叫荒园，园中自然景观自由滋长，欣欣向荣。吉拉尔丹侯爵的过人之处，就在于他像一位真正的艺术家一样创制了花园的装饰。他在北侧的园区人工修建了一条溪流，并沿着溪流建起了中世纪、意大利风格的亭台。在荒园中，他则用修隐建筑和雕刻铭文营造出了幽僻静穆、适合冥思的氛围。南部的园区中心有一片湖水，湖边修筑起了池馆亭榭，包括冰屋和现代哲学神殿。让-雅克·卢梭（Jean-Jacques Rousseau）墓就在湖心一座长满杨树的小岛上。卢梭一生中几度寓居于埃默农维尔，1778年在此逝世。他的墓仍在岛上，骨灰已经在去世二十年后迁往巴黎的先贤祠。花园的主要设计灵感就来自卢梭，花园也能让人想起卢梭的哲学思想，尤其是《新爱洛伊丝》（*La Nouvelle Héloïse*）中克拉朗（Clarens）的花园，象征着自然感官和理性行为的和谐。漫步在花园中，可以在静思中感受到道德和精神滋养。

特征
花园分为三大区域，卢梭墓位于园内

象征意义
设计初衷是建设一片能给人带来精神和道德启迪的、适合漫步的园林；新的人间乐土

相关词条
亡灵的花园

▼莫里斯（Moreth），《埃默农维尔园风光》（*View of the Ermenonville*），作于1794年，现藏于法国凡尔赛的朗比内博物馆

很明显，于贝尔·罗伯特（Hubert Robert）也参与了埃默农维尔园的设计工作，不过这一点很难证明，因为吉拉尔丹侯爵满怀嫉妒地对外宣称埃默农维尔园是他自己一手创造的。

南侧园区和北侧园区代表着两种不同的风景园林设计理念。南侧园区主打意大利风格，类似洛林的风景画；北侧的花园则是一派田园牧歌景象，一条"忧郁的溪水"从园中穿过。

目前已经证实，卢梭墓正是按照于贝尔·罗伯特的设计方案修建的。

吉拉尔丹侯爵允许附近村镇前来观光的游人在图中的南部园区游览。这样一来，四处游走的农人与平民更为园中的自然风光添加了田园色彩。

▲于贝尔·罗伯特，《埃默农维尔园与杨树小岛》（*View of the Park of Ermenonville with the Isle of Poplars*），作于1802年，现为私人藏品

现代哲学神殿建于1775年，建筑样式仿造蒂沃利园中的西比尔神庙。现代哲学神殿是一座未完成的建筑，因为"哲学是没有止境的"。

六个圆柱用来纪念六位为人类文明发展做出巨大贡献的哲学家，圆柱底座上各刻有一句哲学家的名言。

圆柱底部的铭文分别是牛顿的"Lucem"，笛卡尔的"Nil in rebus inane"，威廉·佩恩的"Humilitatem"，孟德斯鸠的"Justitiam"，卢梭的"Naturam"和伏尔泰的"Ridiculum"。

▲于贝尔·罗伯特，《洗衣妇人》（*The Washerwomen*），作于1792年，现藏于美国俄亥俄州辛辛那提艺术博物馆

威廉高地公园的结构独具一格，有一条长长的斜坡在皇家宫殿上方延伸开去，公园也因此在世界风景园林中占据了重要的地位。

威廉高地公园

特征
最初采用巴洛克式设计，后根据英国风格改造

象征意义
专制政体的宣言

▼扬·尼克伦（Jan Nickelen），《八角宫殿》（*View of the Octagon*），作于19世纪，现藏于德国的卡塞尔艺术博物馆

位于德国卡塞尔市的威廉高地公园是三个时期三种不同设计方案相结合的产物。公园的基本形制，是设计大师乔万尼·古尔尼诺（Giovanni Guerniero）在18世纪设计完成的。公园最初的结构是巴洛克式的，深受意大利花园的启发，后来在英国的新园林思想和浪漫主义思潮的影响下进行了调整。在最初的设计方案中，一条壮观的瀑布从王宫对面山上的八角宫殿里倾泻而出，流经无数级台阶，注入附近的山谷中。八角宫殿顶端矗立着一座金字塔状建筑，金字塔尖上有一尊古希腊赫拉克勒斯神像的复制品。当公园最初还是禁猎区时，一条自然形成的轴线将八角宫殿和城堡连在一起。后来，在英王乔治二世的女儿、腓特烈二世之妻玛丽公主的提议下，花园规划按英国园林形式进行了修整。最终，腓特烈二世之子威廉完成了公园的修建工作，公园也因之得名。花园除独特的美学设计以外，还彰显了当时在中欧盛行的专制主义权力观念。园中嶙峋耸峙的假石、幽邃险峻的深谷、人造的古罗马引水渠废墟和激流冲荡的大瀑布，都给花园笼罩了一层英雄主义的色彩。城堡的对面，还有一座废墟中的"中世纪城堡"，名叫狮子城堡，酷似德国海塞盾形纹章的形象。公园、风景园林和最初的巴洛克建筑结构彼此融为一体，和谐化一。

城堡主题建筑的对面，是一片人造的新哥特式城堡"狮子城堡"的废墟。狮子城堡的形制酷似德国海塞的盾形纹章。

威廉利用从山顶水库的水压，在城堡前方修建了一座扬程（水泵扬水高度）逾30米的喷泉。

画中是19世纪早期的威廉高地公园。高地公园是三代不同设计方案融合的产物。

玄武岩赋予了八角宫殿棱角分明的外形。宫殿顶端的赫拉克勒斯神像高度近10米，象征着领主伯爵至高无上的专制权威。

▲约翰·埃德曼·胡梅尔（John Erdmann Hummel），《威廉高地公园》（*View of Wilhelmshöhe*），作于约1800年，现藏于德国国家艺术博物馆

19世纪早期，拿破仑皇帝治下的法国开始接纳风景园林的建筑规则。

马拉迈松

特征
欧洲大陆上最杰出的风景园林

象征意义
公园象征了拿破仑对动植物的钟情

相关词条
温室；在园中绘制肖像

▼皮埃尔-约瑟夫·雷杜特，《孟加拉国蔷薇》（*Bengal Rose*），作于1817—1824年，现藏于法国吕埃-马拉迈松的马拉迈松城堡国家博物馆

法国马拉迈松（Malmaison）的花园，是风景园林艺术原则传入法国后诞生的最有趣味的艺术成果。18世纪晚期，约瑟芬·波拿巴（Joséphine Bonaparte）得到了马拉迈松的庄园。1800年至1802年间，庄园是法国政府的办公和权臣集会的地点。建筑师查尔斯·佩西耶（Charles Percier）和皮埃尔·封丹（Pierre Fontaine）进行初期修缮后，花园又被路易-马丁·贝尔托（Louis-Martin Berthault）改造成了一座风景园林。马拉迈松花园中宽阔的草坪上点缀着灌木丛，一条蜿蜒的流水穿园而过，注入一片可以行船的湖面，再继续流向花房。花园的盛名，大概和拿破仑热衷动植物有关。约瑟芬在育苗工人、植物学家和自然历史博物馆的学者的帮助下，从欧洲乃至全球引进植株，在园中培育了一批奇珍植物，其中有大约两百种此前从未在法国栽培过。花园里最为惹眼的恐怕要数玫瑰。约两百五十种玫瑰种在随处可见的花床里，种在花瓶中的玫瑰也会在温暖的季节移到室外。甚至在法国面临重重封锁的年月，约瑟芬还是能继续引进植物，因为英国人也和她一样对花卉如痴如狂。植物画师皮埃尔-约瑟夫·雷杜特（Pierre-Joseph Redouté）在画册《玫瑰》（*Les Roses*）中绘制了近一百七十种约瑟芬引进的玫瑰，雷杜特本人也因这部画册声名大噪。他的水彩作品将植物描绘得纤毫毕现，把浪漫主义的艺术语法用得炉火纯青。那时，浪漫主义的思潮才刚刚开始席卷欧洲。

法国大革命后，17世纪的园艺模式
成了旧制度的象征，在法国式微。

马拉迈松花园得以闻名遐迩的首要原因，
就是雷杜特绘画集中应接不暇、栩栩如生
的玫瑰。

曲折的流水穿
园而过，汇入
一片可以行船
的湖水。

蜿蜒的道路两侧，
是当时难得一见
的英式园林。

约瑟芬豪掷巨资
修建了这片园林，
并在园中饲养了
各种珍禽异兽。

▲安东·伊格纳兹·梅林，《马拉迈
松公园》，作于1810年，现藏于法
国吕埃-马拉迈松的马拉迈松城堡国
家博物馆

为了能在园中饲养珍禽异兽，约瑟芬面临着重重困难，比如寻找训练有素的饲养员。加上财政已经超支，她不得不在19世纪早期将很多动物送往巴黎的自然历史博物馆。从那以后，约瑟芬便一门心思地栽培植物了。

花园原处的遗迹，如今多已不存。湖水已经无影无踪，连约瑟芬远近闻名的花房也变成了当地居民的楼房。

这些澳大利亚黑天鹅，便是马拉迈松花园中的珍禽。

人工湖上横跨着一座东方风格的桥。在当时，东方风格很是时髦。

▲奥古斯特·加纳雷（Auguste Garneray），《马拉迈松花园中的湖泊》（*View of the Lake of Malmaison*），作于19世纪早期，现藏于法国吕埃-马拉迈松的马拉迈松城堡国家博物馆

18世纪的最后几十年间，英格兰出现了一种新的园艺样式，把对自然和荒野的喜爱推向极致。

"崇高"的花园

对人工斧凿和形式主义的拒斥，催生了新式花园。花园中处处充斥着崇高的氛围，很难在花园和周围的野生自然之间划出一条清晰的界线。这种园林就是要带人欣赏自然最原初的状态，领略那悬崖峭壁、幽邃的岩穴和高山深谷的壮美。在英国王政复辟时期，花园设计遵从严格的几何规范，营造出的是一片与世隔绝的亲密空间，让人陶然忘机。但新式花园里却鲜有人工痕迹，也感受不到静谧和安详，它那令人目不暇接的景致带来的是激越的情感、瞬间的惊恐和绝望沮丧的心情。英国威尔士达费德郡的哈弗德公园（Hafod Park）就是此类花园之一。园中地势奇峭，引人惊恐；施工阶段在园中选定的参观路线和瞭望点，借着威尔士崎岖艰险的地形，让游人误以为置身于凯尔特充满神话色彩的往昔，一种深挚激荡的情感油然而生。花园的建设始自18世纪80年代。那时，游吟诗人的传说盛行一时，这种文体也把凯尔特的神话传说重新带回了人们的视野，詹姆斯·麦克佛森（James Macpherson）"发现"的饱受争议的《古诗残篇》（Fragments of Ancient Poetry）便是一例。在这阵热潮的影响之下，哈弗德园内各处也建造了明确反映吟游诗人传说的景观。

▼约翰·史密斯（John Smith），《从洞穴中流出的瀑布》（*Cavern fron the Cascade*），选自约翰·史密斯《哈弗德公园十五景》（*Fifteen Views Illustrative of a Tour to Hafod*，伦敦，1810年），现藏于英国威尔士国家图书馆

走向公众的花园

◀马可·里奇 （Marco Ricci），《伦敦圣詹姆斯公园与步行街 》
(*View of the Mall and Saint James Park in London*）局部，
作于约1710年，现藏于英国约克郡的霍华德城堡

1789年的法国大革命中，无数神职人员和王公贵族的田产被没收，其中一部分改造成了公共园林。

巴黎的公园

特征
新城市公园很大程度上是按照风景园林的艺术原则建造的

象征意义
改善卫生状况、控制城市发展的需求

相关词条
游戏、体育与种种活动；作为时尚的漫步

　　巴黎是一座最早向市民开放公园的城市，蜚声海内外的巴黎皇家宫殿花园和杜伊勒里宫（Tuileries）都在开放之列。巴黎最重要的公园项目是在拿破仑三世治下进行的，该项目隶属于城市改造总体计划，旨在改造中世纪的城市规划，让巴黎旧貌换新颜。为此，路易·拿破仑委任塞纳河地区行政长官乔治-尤金·豪斯曼（Georges-Eugène Haussmann）将巴黎建设成一座代表成就与进步的现代新城。豪斯曼新建了林荫道、排水系统和大量的公共花园及步行道。花园勾勒出了巴黎的几何形状，作用尤为关键。宛塞纳森林（Bois de Vincennes）和布罗涅森林（Bois de Boulogne）在城区东西两侧交相辉映，蒙苏里（Montsouris）公园则和肖蒙山（Buttes-Chaumont）公园在南北两边遥遥相望。24座花园般的英式公共广场也以类似的方式分散在城区之内，为市民提供休憩娱乐的场所。不过，拿破仑三世也很清楚，在巴黎市区里建设城市"绿肺"供市民享用是有政治动因的。花园可以重新营造出

一幅虚幻的和谐图景，统治阶层希望花园的休息娱乐功能可以抑制革命的欲望，用无害的活动缓解城市里的紧张政局。

◀据推测为让-巴蒂斯特·勒普兰斯（Jean-Baptiste Leprince）所作，《路易十五广场上的杜伊勒里宫大门》（*The Entrance to the Tuileries from Palace Louis XV*），作于约1775年，现藏于法国贝桑松美术馆

勒·诺特以中央的街衢为中心，向外修造了一片齐整的路网，装饰性的花床和树丛在网格中交替出现。

早在17世纪晚期，杜伊勒里宫的皇家花园便开始扮演起了"公共"的角色。花园的翻修工程由勒·诺特主持，于1672年完工。

杜伊勒里宫的中轴线一直延伸到花园以外，沿香榭丽舍大街直抵凯旋门。

花园入口处起初有皇帝的贴身卫士巡逻，严禁市民、士兵和"衣冠不整"者进入。到了19世纪，在印象派艺术家的推动下，杜伊勒里宫的花园才称为休闲娱乐的胜地。

▲威廉·怀尔德（William Wyld），《杜伊勒里宫花园和远处的凯旋门》（*The Jardins des Tuileries with the Arc de Triomphe in the Distance*），作于1858年。现为私人藏品

布罗涅森林是豪斯曼根据风景园林的艺术原则设计的，最初是一片皇家禁猎区，林中有放射状的街衢，蜿蜒曲折的小径穿林而过。

从19世纪晚期到20世纪早期，园林的主要功能从审美功能转变为实用功能。这表明，园林游客不再局限于受过教育的群体，他们不再抱着单纯观赏的目的，而是纵情享受以休息娱乐为主要功能为园林带来的便利。

塞纳河水流入公园，形成一片河溪和两个湖泊，水湾里建有码头。

布洛涅森林公园是第一座为普罗大众修造的风景园林，大受好评。

▲《布洛涅森林公园的湖泊》(*The Lake at the Bois de Boulogne*)，作于19世纪，现藏于法国巴黎装饰艺术图书馆

英格兰的城市花园成了欧洲其他国家园林的标杆。19世纪中期，英格兰园林在规模和数量上都超越了法国园林。

伦敦的公园

1800年，英格兰城市绿化水平很低，只有皇家园林和公地里才有几条动辄就要施工的步行道。直到维多利亚时期，英国才出现大型公共园林。约翰·克劳迪厄斯·劳登（John Claudius Loudon）亲自考察了欧洲大陆的情况后，首先提出在英国建设公园。英国公园建设如此迟缓，首要原因就是工业革命给社会带来了剧变和阵痛。农村人口涌向城市寻找工作，导致了城市无节制的扩张。直到19世纪中期，英国才意识到以上种种带来了怎样毁灭性的后果。于是，议会推行了一系列举措，缓和爆炸性的城市扩张。随后，公园开始在伦敦和整个英格兰流行起来。因此，英格兰的城市花园可以满足大量民众的需求，替代那些工人聚居、卫生状况江河日下的街区。同时，公园也是社交场所，无产阶级民众可以在这里向中产阶级的模范代表学习规矩和原则。英国公园虽然诞生于社会的积弊，却是底层人民崛起的标志。结束了一天的辛苦奔忙之后，人们可以聚集在公园里，重拾公地关闭年代失落的社交和嬉游的习惯。

特征
公园的设计是以风景园林、享乐之园和植物园的样式为基础的

象征意义
花园有着深远的社会意义，代表着最穷苦的阶层的崛起

相关词条
作为时尚的漫步

▼英国画派艺术家，《伦敦格罗夫纳广场》（Grosvenor Square），作于1754年，现为私人藏品

英文中的 "mall"（林荫道）一词来自一种名叫
pall-mall的游戏。游戏在狭长的长方形场地中进
行，两侧栽满高大的树木，撑出一片树荫。

这种游戏日渐式微后，浓荫遮蔽下这片
狭长的游戏场地就成了步行道。"mall"
的含义，也就变成了栽满树木的公共步
道，再后来才有了现如今的意思。

圣詹姆斯公园（St. James Park）
原本是颇受英国贵族喜爱的聚
集地。曾经，公园必须缴费才
能拿到钥匙进门游览。

▲马可·里奇，《伦敦圣詹姆斯公园与步行街》(*View of the
Mall and Saint James Park in London*)，作于约1710年，
现藏于英国约克郡的霍华德城堡

从高处看，水晶宫是这座巨大园区的标志性建筑。水晶宫的结构为花园的布局提供了参照系，园中的街衢、喷泉和梯级都和水晶宫构成了某种关系。

花园的核心地带，是按照意大利园林的营造法则修建的，而花园外围延展的区域则反映了英国风景园林的原则。

花园的这一带颇有史前气息，湖泊沿岸矗立着实物大小的水泥恐龙塑像。

著名建筑师约瑟夫·帕克斯顿（Joseph Paxton）是英国伦敦水晶宫的设计者。他在锡德纳姆（Sydenham）成立了一家金融公司，以复原恢宏的英国温室，为娱乐和教育兴建一座巨大的营利性园区。锡德纳姆公园是20世纪如雨后春笋般涌现的主题公园的原型。

▲约瑟夫·帕克斯顿，《锡德纳姆的水晶宫和花园》（*The Crystle Palace and Its Gardens at Sydenham*），作于约1855年，现藏于英国伦敦的英国皇家建筑师学会

维多利亚公园所在的位置原本要修建造一座教堂，为了庆祝普鲁士击败拿破仑。

柏林的维多利亚公园

特征
花园设计与当时的折中主义思潮相统一

象征意义
庆祝普鲁士击败拿破仑

1815年维也纳会议后，德国柏林市决定在原本规划修筑教堂的地方竖起一座铁十字架。于是，当局在柏林南部购得了一片1813年修筑防御工事时被毁的地界。出人意料的是，这片地带非常适合鸟瞰柏林。建筑顶端的十字架和当时授予官兵们的十字架形状完全相同，以示对民主思潮的顺应。后来有人提出，建筑四周出于保护目的应该修建围墙，最终，1824年前后，柏林市开始在此地规划一座公园。德国皇帝威廉一世（Wilheil I）曾下令将纪念建筑移动到进入城区的主干道的视觉中轴上。几经波折后，公园终于在威廉一世的命令下竣工。公园19世纪晚期落成时，得名"维多利亚公园"（Viktoriapark）。这个名字有多重意义，既指维多利亚公主，也提醒着人们花园建设的初衷，也就是庆祝对法战争的胜利（Viktoria即"胜利"之意——译者注）。一条人工瀑布从纪念建筑处倾泻而下，高差约24米。瀑布由大块的花岗岩和石灰岩修造而成，让人以为纪念建筑仿佛建在峭壁之上。

◄《维多利亚公园的十字山》（*View of the Kreuzberg, Viktoriapark*），维多利亚公园，作于约1890年，现为私人藏品

为防止破坏，十字山
外围树立了围栏。

纪念建筑矗立在一
片沙质的丘陵之上，
沙土用大量的石块进
行了加固。

当时，花园仍然保持着19世纪早期
的状貌，适合散步、远足。在丘
陵顶端，可以把城市与城郊的美景
尽收眼底。那时的郊野还没有被无
休无止的城市化浪潮吞噬。

▲约翰·海因里希·欣策（Johann Heinrich Hintze），《普鲁士解放战争纪念碑
与背景中的柏林》(*The Kreuzbergdenkmal with Berlin in the Backgroung*)，
作于1829年，现藏于德国柏林的国家城堡和公园管理处

纽约中央公园是全美第一座大型公园，位于曼哈顿中心区域，是弗雷德里克·劳·奥姆斯特德（Frederick Law Olmsted）于1856年起设计的。

纽约中央公园

特征
园中的街衢经设计可以承担不同的运输功能

象征意义
花园可以有力改善社会和卫生环境

▼柯里尔与艾夫斯版画公司（Currier and Ives），《中央公园的格兰德大道》（*Grand Drive, Central Park*），作于1869年，现藏于美国纽约市博物馆

纽约中央公园的设计初衷，是建造一片既适合休憩娱乐，也适合理性思考的空间，提高市民的公共生活质量。园中有供车马通行的道路横贯园区，接通公园四周的居民区。这些街衢高度较低，不会破坏浑然一体的自然风光，这是公园设计的一大创举。弗雷德里克·劳·奥姆斯特德的公共绿地建设理论，融会了美学、卫生乃至经济的原则。公园的出现，让周围房产价格暴涨。奥姆斯特德经常回归一种观点，即一国的福祉经常是由城市的秩序、安全和经济生活间的关系决定的。他也敏锐地认识到，为了促进公共卫生，缔造良好的环境，为平等和社会公正的进步创造温床，就必须要重新引进自然元素。因此，如果要在市中心修建花园，封闭式的设计是行不通的，和周围人口密集的环境断然分开也是不足取的。相反，花园应该和城市环境融为一体，最重要的是要对全体市民开放。

奥姆斯特德和后世所有的美国风景园林艺术家的共同愿望，就是为城市增添自然的气息。这种当时刚刚勃兴的设计思路，最终促进了"园林城市"的成长。

THE GRAND DRIVE, CENTRAL PARK N.Y.

有一种"墓园花园"，位于城郊，独立于市区；而纽约中央花园恰恰反其道而行之，是一座在物欲至上、拥挤局促的城市肌理中落地生根的伊甸园。

19世纪晚期到20世纪早期，花园设计的着眼点从审美功能转变为实用功能。

中央公园为园林的功能性问题提供了新颖独到的解决方案。园中的道路都尽量建在低于地表植被的位置。

纽约中央公园是美国第一座体量如此巨大的公园。设计师希望这座花园能成为"理性的享乐"的场所，鼓励市民积极参与公共生活。这位设计师也设计了马萨诸塞州剑桥市的奥本山公墓（Auburn Cemetery）。

▲威廉·里克比·米勒（William Rickarby Miller），《纽约中央公园的湖泊》（*View of the Lake in Central Park*），作于1871年，现藏于美国纽约的纽约历史学会

花园的要素

墙	园中小径	微缩建筑与装饰建筑
蔬菜园	奇观之园	温室
绿雕	迷宫	花园中的东方元素
格架	座椅	树木
有生命的建筑	花卉	异域植物
秘密花园	水	瓮与瓶
岩穴	科技	废墟
山	舞台	人造花园
雕塑	花坛	

◀费迪南德·格奥尔格·瓦尔德米勒
（Ferdinand Georg Waldmüller），
《美泉宫公园里的罗马废墟》（*Roman Ruins in the Park of Schönbrunn Castle*）局部，作于1832年，现藏于奥地利维也纳的奥地利美景宫美术馆

修建围墙，暗示着一种将墙外的东西断然隔绝的欲望。墙外的事物通常被视作危险的。

墙

象征意义
人间天堂；围墙花园；纯洁

相关词条
古埃及园林；伊斯兰园林；修道院花园；世俗的花园；玛丽王后的花园

　　中世纪时期，花园的围墙象征着一种区隔，将人工修整的土地和外界充斥着各种危险的荒野分隔开来。此外，带围墙的花园还会让人想到另一个封闭的空间，那就是亚当和夏娃被逐出的伊甸园。因为围墙花园经常代表着介乎人与神之间的圣母马利亚的形象，于是墙就又象征着纯洁与无罪。在文艺复兴时期和巴洛克时期，花园内部又分成若干个园区。这些空间有时是在树丛或林间"切割"出来的，四周环绕着精心修剪的树篱，是名副其实的"绿色空间"。有时这些空间还有专门的功能和主题，就好像它们是宫室在室外的延伸一般。风景园林出现以后，花园的外墙便不再将园区单独分隔出来，也不再是通向自然的障碍物了。有人认为，风景园林放弃隔断是一种拒斥规矩和限制的行为。那些横亘在人与自然之间、花园与周围的乡野之间的藩篱必须消失，花园也必须向周围环境敞开，将其纳入园林景观。"哈哈墙"便是这一原则的用例之一。哈哈墙是一条陡峭、无水的壕沟，建有一面挡土墙，可以阻挡企图进入园区的动物，同时不破坏园林景观的连贯性，园内与园外的风光都能一览无余。

◀《妇女城》手稿画师（Master of the Cité des Dames），《花园中的情人》(*Lovers in a Garden*)，克里斯提娜·德·皮桑（Christine de Pisan）所著《情人与女子的一百首歌谣》(*Cent ballades d'amant et de dame*，巴黎，约1410年）中的插图，现藏于英国伦敦大英图书馆

从图片上方的文字可以看出，图中画的是一座围墙花园。

图中的喷泉代表着"封闭的喷泉"，是圣母马利亚的象征。

这幅画强调了花园的保护功能。邪灵无法进犯，万物都在一中纯真的状态下欣欣向荣地生长。

顶端有雉堞的高墙把花园变成了一座无法入侵的城堡。

▲《人类救赎的镜像》(*speculum humanae salvationis*)，作于1370—1380年，现藏于法国巴黎的法国国家图书馆

《玫瑰传奇》促进了爱情理想的传播。其中贵族的爱情观一直发展到了中世纪末期。

在中世纪，花园是人间的伊甸园，乐园（the garden of delights）的图景便是中世纪花园的原型。围墙花园中百花争艳，万木葱茏，水响潺潺，鸟啼啭啭。

花园的外墙代表着保护，体现着一种同外在世界和世俗烦忧隔离开来的欲望。在外墙上的形象代表着必须逐出花园的罪恶。

墙上的种种罪恶与人类的弱点，是不能进入花园内部的，这当中包括觊觎、贪婪、和嫉妒（左侧），伪善、背信弃义、仇恨、粗鄙和衰老。不过，在花园内部，环绕在眷侣四周的则是雅致的美德了。

▲弗拉芒画派艺术家，《乐园入口处的情人》(*Lovers at the Entrance to the Garden of Delights*)，作于1400年，现藏于英国伦敦的大英图书馆

拉丁语中的hortus一词指的是封闭的、私密的区域，它会一直向外扩张，并吞房屋周围的土地。

蔬菜园

罗马人用hortus一词表示种植蔬菜和常见农作物的花园，是罗马人的"第二个食品贮藏室"。而复数形式horti则泛指一切花园，包括通常做休闲娱乐之用的花园。蔬菜园的形象富于符号色彩，可以追溯到中世纪时期，和象征着人间天堂的修道院封闭式花园有着直接的联系。蔬菜园脱胎于中世纪根深蒂固的宗教和符号需要，最终成了一片可供人思索深邃的存在问题、在自身、自然和上帝之间建立联系的场所。劳动，是人类原罪的直接后果。通过劳作，人可以重建伊甸园里的生活。蔬菜园作为天堂的图示和宗教的寓言，总体上是和中世纪联系在一起的。凡尔赛宫中的法国国王路易十四青睐一切和园林有关的东西，他决意把他的封闭庭园建造成能让人联想到天堂的样子，用这座人间的伊甸园歌颂自然的慷慨丰饶。不过，花园的象征意义会渐渐脱落，最终会变得和房屋附近栽种瓜果蔬菜的厨房花园相差无几。当然，厨房花园也会朝着另一个更有文化内涵的方向演进，变为培育稀有植物的、植物园式的园林。

象征意义
花园代表着伊甸园或教堂的形象

相关词条
世俗的花园；玛丽王后的花园

▶热纳瓦·博卡乔画师（Master of the Geneva Boccaccio），《耙地，种植和铲地》（*Raking, Planting and Spading*），作于15世纪，现藏于法国尚蒂伊的孔代博物馆

蔬菜园作为种植蔬果的厨房花园的功能越发突出，象征意义也便渐渐脱落。

画中的花园仍然是一片封闭的区域，不同品种的植物也分开种植。

艺术家在画中补了淡淡的光，忠实地描绘了天色灰茫的春日清晨的花园。

▲卡米耶·毕沙罗（Camille Pissarro），《阴天的春日清晨与哈格尼的蔬菜园》（*Vegetable Garden in Eragny, Overcast Sky, Morning*），作于1901年，现藏于美国费城艺术博物馆

第二次世界大战期间，英国伦敦和乡村一样力争减少食物进口，即便是建筑师约翰·纳什（John Nash）设计的圣詹姆士广场（St. James's Square）也投入了蔬果种植。

画面中描绘的，是第二次世界大战期间伦敦市中心的一座蔬菜园。园子坐落于高档奢华的伦敦西区，由消防队的辅助队员照顾打理。

英国政府为了鼓励市民自力更生，打出了"为胜利而耕作"的宣传口号。减少了食品进口，船只就可以全部投入战争物资运输了。

▲阿德里安·保罗·阿林森（Adrian Paul Allinson），《在圣詹姆士广场为胜利挖掘》（*Dig for Victory at St. James's Square*），作于约1942年，现藏于英国西敏寺市档案中心

绿雕（ars topiaria）是以艺术的形式对树丛进行的修剪，可以追溯到古罗马时期。在拉丁文写成的有关观赏园林的文献中，topiarius意即园丁。

绿雕

▼ 布 拉 曼 提 诺（Bramantino），《四月》（April）局部，作于1504—1509年，现藏于意大利米兰斯福尔扎城堡的应用艺术博物馆

羽叶槭、紫杉木和一些月桂灌木极易修剪成形。在文艺复兴时期和巴洛克时期，绿雕艺术广为流传，部分原因可以归结为这一领域拉丁语文献的重印，但主要还是归功于弗朗切斯科·科隆纳（Francesco Colonna）的《寻爱绮梦》（Hypnerotomachia Poliphili）的重印。弗朗切斯科·科隆纳在书中介绍了海量的巧夺天工的绿雕样例。在复兴绿雕技艺的过程中，文艺复兴时期的人文主义者根据自己的文化理念对绿雕艺术进行了改造，把绿色植物的几何形态的改变视作"用数学一般精准的方式改造自然"。很快，绿雕艺术的热潮传遍欧洲，人们创造了无数种类别，用以描述经过系统修剪的树丛能展现出的不同形态。凡尔赛宫的绿雕作品可谓洋洋大观，甚至有一部画册专门收录凡尔赛宫中绿雕的绘画作品。风景园林崛起之后，绿雕艺术开始被视作剥夺了大自然自由的表现力，代表着糟糕的审美旨趣，渐渐式微。而在维多利亚时期，花园的几何形制重获生机，以往的园艺风格重新回归人们的视野，加上对园林植物的热衷，绿雕再次得到青睐，重返园林，这一点在英格兰尤为突出。不过，绿雕艺术虽然在19世纪得到复兴，却再也无法达到巴洛克时期盛极一时的水平了。

在研究那些充满创作激情的建筑师的古典建筑作品时，很难忽视绿雕艺术的创作。

汉斯·弗莱德曼·德·弗里斯（Hans Vredeman de Vries）的绘画作品不仅有着彻彻底底的学院派风格，也成为16世纪荷兰花园的重要文献资料。

德·弗里斯蜚声园林建筑领域，是因为他的一部16世纪晚期出版的名叫《园圃样式》（Hortorum Formae）的著作。作者用一系列插图展示了维特鲁威的建筑秩序，并将其应用到花园的修建当中。精美绝伦的雕版上呈现着多立斯式、爱奥尼亚式和科林斯式的花园景观。

图中所示的园林建筑十分规整，园林外围环绕着绿植构成的拱廊，中部有一座精雕细刻的喷泉，而喷泉的外围也有一片呈规则几何形状的花床。花园中部的建筑模式无限制地反复出现，让花园的不同区域之间产生了连续性。

▲汉斯·弗莱德曼·德·弗里斯，《装饰花园》（Drawing of an Ornamental Garden），作于1576年，现藏于英国剑桥的菲茨威廉博物馆

各式各样的绿雕装饰着凡尔赛宫格兰德大道附近的花坛。格兰德大道一直延伸到阿波罗池。

一部画册记录了太阳王路易十四园中所有的装饰物，其中收录了种种绿雕作品的设计。

种在花盆中的植物通常比其他植物更为脆弱，在寒冷的冬季需要移入温室越冬。

▲埃蒂安·阿尔戈让（Etienne Allegrain），《凡尔赛的花园中路易十四的步道》（*The Promenade of Louis XIV in the Gardens of Versailles*）局部，作于17世纪晚期，现藏于法国的凡尔赛宫与特里亚农宫博物馆

维多利亚时期的花园复兴了先前的几何形式和艺术风格，引起了一阵奇珍植物和奇异造型的热潮，这也体现在绿雕艺术的复兴上。

绿雕曾被猛烈批评为暴殄天物，在风景园林里大多已经消失，只见于英国维多利亚时期的花园中。

埃尔瓦斯顿城堡花园是哈林顿侯爵（Marquess of Harrington）的田产，园中的绿雕形态极为古怪。

▲《埃尔瓦斯顿城堡花园中名为"mon plaisir"的花园》（*View of the "Mon Plaisir," in the Garden of Elvaston Castle*）、出自《英格兰的花园》（*The Gardens of England*），作者为E. 阿德文诺·布鲁克（E. Adveno Brooke，伦敦，1857年）

图中的妇女正在修剪迷宫高高的绿雕墙体。

迷宫象征着迷失与寻找。迷宫的特点之一，就是置身其中的人不知道距离出口尚有多远，也无法回到迷宫的入口。

这座迷宫中有无数个类似的空间，形貌相类的妇女在忙着不同的差事。

怪诞离奇的迷宫让画面产生了无穷无尽的延宕感。图中的迷宫像是一座迷宫花园（irrgarten），错综复杂的通道造成了一种强烈的迷失感，任何行走其中的人都无法幸免。

▲帕姆·克鲁克（Pam Crook），《鸟园》（*The Bird Garden*），作于1985年，现为私人藏品

格架（treillage）意即一种通常为木质的网格状结构，早在罗马时代便用于爬藤植物的种植了。

格架

　　"格架"一词源自中世纪法语treille，意思是藤蔓凉亭。这种高度复杂的罗马式藤架能赋予花园既多样又明确的结构。尽管编织格架的技术曾在中世纪一度重获新生，中世纪的样式却比罗马时期简单得多。花园内部形式层出不穷的隔断，便是用编制的格架建成的。隔断可以是编织的灯芯草做成的简易屏障，可以是横竖交错的栅栏或板条做成的绿篱，也可以是菱形的格架结构。后两种较为常见，通常用于支撑玫瑰藤。后来，也出现了木栏杆组成的格架。15世纪末，柳条格架慢慢被淘汰，让位给更结实的结构。文艺复兴时期出现了木质格架和爬藤植物组成的拱券顶房间，好似一座用植物修建的真实建筑。格架因为建设耗时较短、简便易行，因而被视作用绿色植物营造建筑空间的最佳选择。

▼《带格架结构的花园》（*View of a Garden with Latticework Structures*）局部，庞贝古城壁画，现藏于意大利那不勒斯的国家考古博物馆

编织的灯芯草做成的屏障是中世纪最受欢迎的格架，在经济拮据的人家尤其多见。

此类隔断可以用来划分园中种植蔬菜和药用植物的区域，但更精致的观赏花园往往会采用更为复杂的结构。

▲法国画派艺术家，《乔治·德·查斯特奥朗斯德梦》（*The Dream of Georges de Chasteaulens*），作于15世纪，现藏于法国尚蒂伊的孔代博物馆

花园外围环绕着编织成菱形的低矮的木围栏。

连园中的康乃馨都是用轻便的格架支撑起来的。

花盆中的树是用典型的中世纪技术手段修剪的。园丁修整树枝，使其沿着木质或金属圈的半径生长，于是树冠也随之长成层层叠叠的盘状。

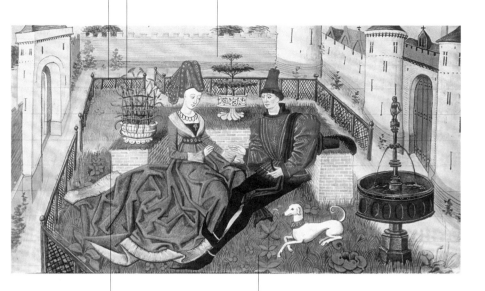

一对眷侣席地而坐，倚靠在砖石砌成的长椅上，长椅上方还覆盖着草皮。

花园是这一典雅场景的背景，类似爱之园的原型。

▲雷诺德·德·蒙特班（Renaud de Montauban）、《奥里昂德与矛吉斯》（*Oriande and Maugis*），作于1468年，现藏于法国巴黎的阿瑟纳尔图书馆

"有生命的建筑"（living architecture）指的是由绿色植物构成的、酷似真实建筑的园林结构。

有生命的建筑

在花园中，可以创造空间和体量类似真实建筑物的结构，这就是所谓"有生命的建筑"。它原本是用来引导、控制植物生长方向的，是绿雕和格架演进的产物。"有生命的建筑"营造出的空间一般是方形或圆形的亭台，也有的树木覆盖着葡萄藤或者茉莉、玫瑰一类芬芳馥郁的爬藤植物，在酷热的夏天可以漫步其下，享受树荫。"被驯化的"植物可以攀缘的建筑结构，通常暗示着某种人与自然的关系。有时，人工痕迹被故意隐去，让人误以为花园最终的形态是大自然翻云覆雨的结果。在18世纪早期的欧洲，此类花园的形态越发出奇，有时甚至到了怪诞的程度，凸显了花园的戏剧效果。树丛中修剪出的小屋一样的空间，有时也会被植物构成的名副其实的建筑结构取代，在一片绿意之中构建出无与伦比的由空间和通道组成的迷宫。园丁们别出心裁地将绿墙设置在合适的位置，形成或笔直或蜿蜒的小径，再通向下一个由绿植构筑的空间。这些绿植需要精心修饰，培育和养护通常要数年之久。因此，人们有时也会用爬满藤蔓的格架或者刷了油漆的木料做成的墙壁代替绿墙，再点缀一些朝生暮死的花朵和枝叶作为饰物。

▼莱昂纳多·达·芬奇（Leonardo da Vinci），《天轴厅》（*Sala delle Asse*），作于1498年，现藏于意大利米兰的斯福尔扎城堡

通过驯化和修剪，植物最终可以长成建筑结构的样子。这座凉亭就是这样建造而成的。

曼特尼亚画中的植物建筑貌似教堂的半圆形小室，绿色植物还在开花结果，象征着圣母马利亚的美德。

穹顶的作用有二，既是造成封闭效果的元素（让建筑产生类似封闭式花园的效果），又是通向天穹的出口。凉亭的窗暗示着圣母马利亚半人半神的身份特征。

▲安德烈亚·曼特尼亚（Andrea Mantegna）、《胜利的圣母马利亚》（*Madonna of Victory*），作于1496年，现藏于法国巴黎卢浮宫

花园的外围是两座功能如同剧院两翼一样的建筑物，花园舞台上则天天上演着浪漫的邂逅和宴饮。

绿植构成的建筑和背景中的建筑物相映成趣。低矮的建筑主体横卧着，出口洞开；中部较高的建筑顶端饰有拱顶。

文艺复兴时期，花园是别墅不可或缺的部分，是建筑的延伸。因此，花园需要符合特定的建筑规范，和宫殿建筑的几何形状相类。

▲塞巴斯蒂安·弗兰克斯（Sebastian Vrancx），《曼图亚公爵花园中的宴饮》（*Feast in the Garden Park of the Duke of Mantua*），作于约1630年，现藏于法国鲁昂美术博物馆

图中的亭子是用绿植建成的，敬献给农业和绿植的女神和守卫者刻瑞斯。

在18世纪，人们认为古典建筑都是脱胎于自然的。让-雅克·勒科受这一观点启发，想象出了一座由绿色植物组成的真实建筑。

法国大革命前后，建筑师让·雅克·勒科创作了大量天马行空的设计方案，和古典建筑以及中世纪建筑构成了千丝万缕的关系。

从18世纪末到19世纪初，对人与自然的关系的认识开始转变，巴洛克式植物建筑的戏剧意义慢慢消失，人们关注的重点慢慢转向绿植建筑的生命活力。

▲让-雅克·勒科（Jean-Jacques Lequeu），《敬献给刻瑞斯的绿色植物神殿》（*Temple of Greenery Dedicated to Ceres*），作于18世纪下半叶，现为私人藏品

秘密花园的理念源自中世纪的封闭式花园。在中世纪，封闭式花园已经有了私密性的特征了。

秘密花园

▼ 威廉·沃特豪斯（William Waterhouse），《普赛克进入丘比特的花园》（*Psyche Opening the Door into Cupid's Garden*），作于1904年，现藏于英国普雷斯顿的哈里斯博物馆和艺术画廊

在文艺复兴时期的园林中，由于广受认同的私密性的原因，园林绿色空间根据其意义的区别有了多种多样的结构形式。比如，在一位王子的花园中，可能会发现一片和花园复杂的、富于象征意义的设计规则格格不入的小空间，因为虽然一种观点把文艺复兴时期的园林视作王子权威的象征，但也有一种看法，认为园林代表着对隐秘环境的渴望，花园应该为人提供一个专注个人生活和家庭事务的私密空间。秘密花园也有代表着情欲的一面，根植于宫中风流韵事的传统，因此秘密花园也被看成是封闭式花园世俗化的产物。"爱之园"（gardens of love）就是秘密花园，在爱之园的高墙背后，人可以纵享情爱。文艺复兴时期的秘密花园仍然是一片与世隔绝、备受保护的处所，王公贵族可以在园中进行娱乐活动，享受私人生活。在巴洛克花园中，这一习惯得到了巩固和发展。随着凡尔赛宫一类奢华的皇家园林的兴建，私密花园的形象也变得越发重要了。到这时，花园已经没有外部的隔离措施了，私密性是通过拉开花园与豪华宫廷的距离来实现的。路易十四正是因为这一原因才建设了特里亚农宫。因此，虽然园林的分类与相应的园林建筑变了，秘密花园的理念却保留了下来。花园是开放的，四周不再有围墙阻断，是远离多事之地的清幽去处。最终，秘密花园越来越能带来亲密感，日后的20世纪英格兰花园中的"绿屋"（green rooms）便是一例。

画中描绘了花园中的一片私密区域。花园受到了《玫瑰传奇》中青春之泉与享乐的花园这一中世纪主题的启发。

高墙制造了一种私密感，将园中的空间和秘密仪式的快乐同周围的城市和建筑分隔开来。

一些解读认为，秘密花园的角色同爱的情欲有着直接的联系。宫廷中的情爱传统推动封闭园林的世俗化即是明证。

▲《青春之泉》(*The Fountain of Youth*)，选自《论宇宙》(*De Sphaera*，作于约1450年)，现藏于意大利摩德纳的埃斯滕泽图书馆

岩穴中充满了谜团和奇迹，能引起忧郁的悸动和神秘莫测的紧张情绪。岩穴是夜晚的归处，心魂会在这里迷失。

岩穴

根据古罗马别墅中保存下来的例子，莱昂·巴蒂斯塔·阿尔伯蒂（Leon Battista Alberti）推荐了花园中岩穴的建设形式，洞穴既可以是自然形成的，也可以是人工修造的，他甚至还推荐了修建洞穴所需的材料。对洞穴的热衷在16世纪和17世纪影响甚巨，当时的杰出建筑师都在尝试着用粗糙的石块、珊瑚和贝壳以及河流中的石块模仿自然景物，也有人在考古成果的影响下，复原了典雅的古罗马睡莲马赛克装饰。洞穴的形象引发了一种强烈的情感，让人想象出一个充满奇观的隐秘世界。进入洞穴，就好似进入了大地母亲的子宫，作为时间标记的日升日落已经失去了意义，仅仅剩下灵魂的时间。岩穴里可以发生非同凡响的事情，举行神秘的仪式和祭典。在洞穴中，可以重新创造一个奇迹的世界，岩穴是奇观真正的温床。就像当年诗人亚历山大·蒲柏在特维克纳姆建造的洞穴一样，洞穴外的花园景观通过一系列精巧的镜子，可以投射在洞穴的墙壁上。

▼《拉伊娜泰的丽塔别墅花园中的洞穴方案》（*Project for a Grotto in the Garden of Villa Litta at Lainate*），作于18世纪。现为私人藏品

菩菩利（Boboli）花园中的巨大洞穴由一系列空间连缀而成，象征着走进大地母亲的子宫，尽头的椭圆形空间则象征着生育。

▲詹波隆那，《维纳斯》，作于约1570年，现藏于意大利佛罗伦萨的菩菩利花园

詹波隆那（Giambologna）的《维纳斯》(Venus) 代表着生生不息的自然，可以理解成理性和博爱，将天堂与尘世连接在一起。

菩菩利建筑群的寓意在于，"完整的人"是感官与理性的结合体，只有在将一切团结在一起的爱的力量的指引下，人才能接近对神性的理解。

145

海螺壳、彩色石头和珍贵的材料装饰着德国伊德施泰因（Idstein）这处人工洞穴的拱顶，蔚为大观。

洞穴的墙壁上端进行了贝壳工艺处理，而墙壁本身则是由各种粗糙的彩色岩石砌成的，让洞穴的样貌更加自然。

▲约翰·雅各布·瓦尔特，《伊德施泰城堡的洞穴》（*The Grotto of Idstein Castle*），作于1660年，现藏于法国巴黎的法国国家图书馆

阳光从花窗玻璃射入屋内，照亮了洞穴里夺天工的人造景观。花园的主人不远万里搜罗来奇珍异宝装饰洞穴，把洞穴建成了一个颇具吸引力的神秘地带。

太阳神的马匹在洞穴的另一端，由特里同照料。

巨大洞穴的入口再现了忒提斯（Thetis）的宫殿入口，入口处有太阳神阿波罗和他的仙女们。这组雕塑是弗朗索瓦·吉拉尔登（François Girardon）的作品。

1777年，法国国王路易十六的前画师于贝尔·罗伯特被任命负责重修凡尔赛宫的阿波罗浴场。他的努力得到了认可，官方将他称作"国王花园的设计师"。

阿波罗的雕塑群最初在忒提斯王宫附近的洞穴，但于1684年被拆毁，以为宫殿的新翼楼腾出空间。

▲于贝尔·罗伯特，《阿波罗浴场的丛林》（*The Grove of the Baths of Apollo*），作于1803年，现藏于法国巴黎的卡纳瓦雷博物馆

山，是地球的众多特征之一。山是伟大的母亲，一切都在这里诞生，山也象征着接近神明。

山

山峦雄踞人类之上，比人类更接近天堂。帕纳萨斯山（Mount Parnassus）是山的众多传统形象之一，在神话中，帕纳萨斯山是阿波罗和众缪斯的居所。在花园中筑起这样一座山，既可以表明花园主人精通古典文学，也能借助阿波罗和缪斯的力量让园中的人们接近上帝的音乐和文化世界。此外，带有双翼的飞马珀伽索斯的出现可能暗指神话中的赫利孔山（Mount Helicon）在缪斯的歌声中拔地而起，直指天穹。在海神波塞冬的吩咐下，珀伽索斯用马蹄击倒了帕纳萨斯山。随后，山又恢复了原本的样貌，在珀伽索斯用蹄击中山体的地方，涌出了一泓名为"灵泉"（Hippocrene）的泉水，亦称"马泉"。17世纪时，弗朗西斯·培根（Francis Bacon）在《论花园》（Of Gardens，1625年）中提议，应该在花园的正中修建一座圆锥形的山丘，山上铺设三条容许四人通过的小径。这类小山应有约十米高，实用意义十分突出。山体可以为平坦的花园注入动势，同时，在山顶极目四望，可以将园林景观尽收眼底。

▼萨洛蒙·德·科，《假山》（*Artificial Mountain*），选自《动力与各种机器的关系》（*Les Raison des forces mauvantes*，1615年），现藏于英国伦敦的大英图书馆

《亚平宁巨人》俯视着整座普拉托利尼（Pratonilo）花园，既是一座雕塑，也是一座纪念碑，又包含着一个洞穴。巨人雕塑内部的岩洞里有装饰物和水景。

《亚平宁巨人》是一座人形雕塑，象征着山体的拟人化，同时又是一个不定型的结构。如果站在不同距离观赏，组成它的石灰岩要么聚合成形，要么消失在绿植的掩映中，和绿色植被脚下的基础浑然一体，不可详辨。

▲詹波隆那，《亚平宁巨人》（Appenine），作于约1580年，现藏于意大利佛罗伦萨的普拉托利尼别墅花园

擒住龙头的形象让人想起朱塞佩·阿尔钦博（Giuseppe Arcimboldi）托绘画的合成图像。

《亚平宁巨人》（或神山）代表着炼金术的第二个阶段：升华。在这一阶段，人会认识到人类的激情缔造的"魔鬼"，并通过将其转化为人类自身的力量开启物质的净化之旅。

早在古代就有在花园中树立雕塑的传统。随着文艺复兴时期人文主义研究的勃兴，受过教育的大众再次陷入了对古典传统的痴迷。

雕塑

经考古发现的宝藏装饰着文艺复兴时期贵族宅邸的花园。有些花园甚至成了露天博物馆，比如布拉曼特为教皇尤里乌斯二世设计的梵蒂冈的观景花园。教皇在园中陈列了他收藏的文物，其中最负盛名的要数雕塑《拉奥孔》（*Laocoön*）。15世纪末，古代雕塑和当代艺术家制作的现代雕塑早已成为园林中不可或缺的组成部分，有着十分重要的象征意义。与此同时，肖像画家群体出现了。这是一个拥有多种文化技能的知识群体，能创作富于寓言意义和象征意义的绘画作品。他们的灵感往往取诸古典神话，创作的目的一般是称颂赞助人。这一传统一直延续到美第奇家族统治下的佛罗伦萨和诸位伟大教皇时期的罗马，最终在法国凡尔赛宫臻于极盛——凡尔赛宫中几乎所有的神话肖像都指向太阳的形象。风景园林本身也并不拒斥雕塑，但此时雕塑的意义已经有所不同。风景园林里的雕塑既呈现古典美德，也呈现当代的美德，颇具象征意义的古代人物形象和当代文化巨擘并立，诗人、知识分子、科学家、哲学家和政治家，凡此种种，不一而足。后来，复杂的异教象征符号见弃，雕塑更多地变成了和平和胜利的代表。20世纪复兴了多种上述雕塑艺术模式，举办了无数个露天展览，唤醒了人与自然之间那久久沉睡的关系。

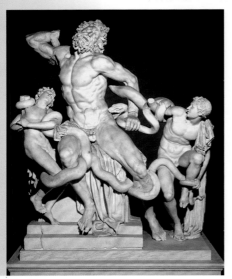

▼拉奥孔，作于约公元前2世纪—前1世纪，现藏于梵蒂冈的梵蒂冈博物馆

多那太罗的两尊雕塑
《朱迪思和霍洛芬斯》
和《大卫》原本是为
基亚拉尔加的美第奇花
园创作的。朱迪思站在
高高的底座之上，貌似
一座没有喷水的喷泉。

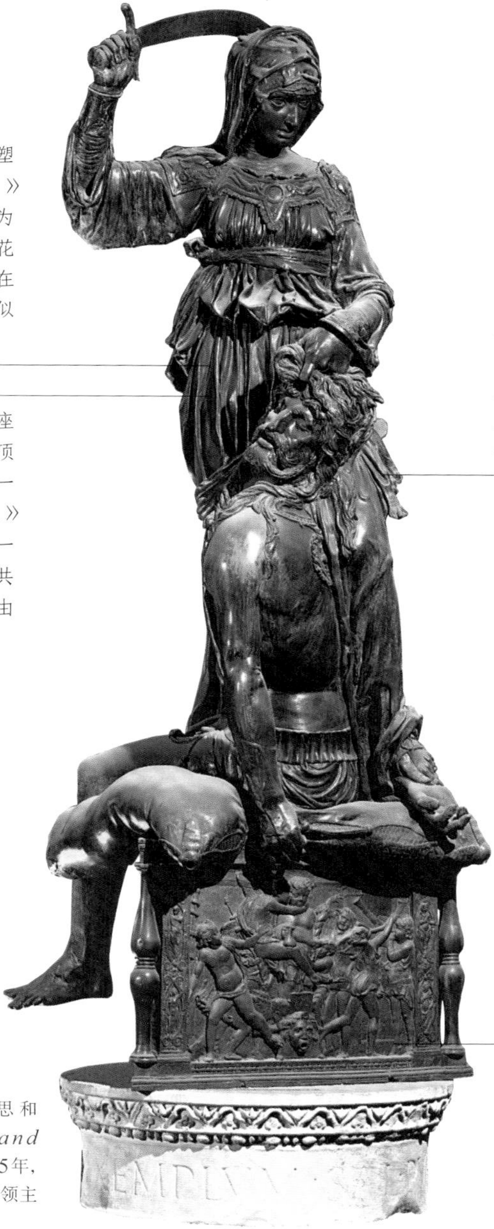

朱迪思斩首霍洛芬斯
的场面可以警示人们
凡事要有节制。没有
人会想和霍洛芬斯落
得一样的下场。

这尊雕塑曾被置于一座
大理石柱上。石柱的顶
端共有两尊雕像，一
座称颂着这位《圣经》
中女英雄的美德，另一
座则讴歌着佛罗伦萨共
和国的刚毅坚卓和自由
气息。

铜质底座的三个
侧面描绘了葡萄
酒生产的三个工
艺流程：收获、
压榨和酒神狂欢
节。底座上的
图案是按古典风
格制作而成的，
和周遭装饰着花
园的考古发现的
物件保持着风格
的类同。

▲多那太罗，《朱迪思和
霍洛芬斯》（Judith and
Holofernes），作于1455年，
现藏于意大利佛罗伦萨的领主
广场

151

凡尔赛宫花园内的雕塑和装饰作品的核心，都是太阳和太阳的人格化形象。

阿波罗乘着他的战车从海面上升起，出现在大运河的中央。此刻的阿波罗刚刚结束白日的行程，一众仙女用药膏为他沐浴。

对于当时的参观者而言，雕塑的寓意是十分明确的：法国国王路易十四身为太阳王，是国民沉着冷静泰然自若的仆人，必须和太阳神一样成为万众敬仰的对象。

梵蒂冈的《观景殿的阿波罗》（*Apollo Belvedere*）为这尊太阳神雕塑提供了范本。

▲ 弗朗索瓦·吉拉尔登，《阿波罗和众仙女》（*Apollo and the Nymphs*），作于1666—1675年，位于法国凡尔赛的阿波罗池（Basin of Apollo）

这些雕塑和园中那令人目不暇接的神话寓言放在一起，形成了一种讽刺效果。

酿酒工人手中拿着酿酒需要的啤酒花。

宫殿前台阶边的扶手上矗立着雕塑，刻画着宫中的人物，有小丑、女佣、鼓手、仆人和园丁。

▲菲利普·雅各布·佐默（Philipp Jacob Sommer）和约翰·弗里德里希·佐默（Johann Frederich Sommer），《酿酒工人》（*The Brewer*），作于约1715年，现藏于德国魏克尔斯海姆宫殿花园

那些在魏克尔斯海姆宫殿花园见证了霍恩洛厄王朝的兴盛的雕塑，如今依旧完好。雕塑中有四方风神，有古希腊人认为构成世界的四种元素，也有奥林匹斯山。

"女王"是妮基·德·桑-法勒（Niki de Saint-Phalle）系列雕塑作品中最为重要的人物形象。她是充满传奇色彩的自然的化身。桑-法勒把"女王"塑造成一个体型庞大、神秘莫测、拥有秘密智慧的斯芬克斯一般的生物体。

▲妮基·德·桑-法勒,《女王》,作于约1979年,现位于意大利加拉维乔的塔罗花园

妮基·德·桑-法勒曾梦见自己穿过一座花园，园中风光旖旎、宝石遍地，有着各种五光十色的奇异生物。桑-法勒是在梦中获得塔罗花园（Tarot Garden）的设计灵感的。

20世纪60年代晚期，桑-法勒实现了她修建塔罗花园的梦想。花园中硕大无朋、别具一格的雕塑拔地而起，表面覆盖着彩色的材料。雕塑与雕塑之间没有什么逻辑关联，游客可以随心所欲地选择游园路线，就像他们在玩塔罗牌时可以按自己的意愿摸牌一样。

园中的路径是花园的基本结构，是花园组织架构的核心。园中小径的意义丰富多样，既可以是纯粹实用的，也可以有丰富的象征意义。

园中小径

在中世纪的修道院花园中，小径交错呈十字形，将花园分成四个部分。这种花园结构有着丰富的象征意义，可以指天堂中的四条河流，可以指四种基本道德，也可以指《圣经》中四部福音书的作者。文艺复兴时期，中世纪花园的寓言和象征意义让位于规则的几何形制。这一时期的步道不是为了眺望宫殿建筑和附近的村舍而修建的，而单纯是为了把园中的绿地连在一起。有些绿地处在并不显眼的角落，还有些和其他绿地高度不同，连接它们的小径相当狭窄，而且经常被绿植掩藏起来。就连中心的小径也往往不直通别墅，它通常只是一个几何元素，对称的花园沿着它向外延展开来。这种对规则几何形状的推崇源自平衡与对称的理念。所有文艺复兴时期花园的组成部分，从中心的街衢到两侧的区域，都反映着这一原则。而到了巴洛克时期，中心街衢的意义便从其他元素中凸显出来，而且越发重要了。它可以延伸到花园之外，伸向无穷无尽的远处，通常是节庆的场所。道路的设计形式通常呈放射状，由一个中心四散开去，视野也随之开阔起来。和富丽堂皇的法国古典主义花园相映成趣的，是简约的荷兰花园。园中的小径只是起到连接不同区域的作用，有时在宫殿里甚至看不到园中的路，漫步其间更有隐秘避世之感。最后，风景园林的出现以更决绝的姿态断然拒绝了法国严格的园林规制，它推崇不对称的设计方案，让自然得以自由生长。

相关词条

修道院花园；世俗的花园；文艺复兴时期园林；巴洛克花园；风景园林

▼拉法埃里诺·达·雷焦，《卡普拉罗拉的兰特庄园》（*Villa Lante at Caprarola*），作于1568年，现藏于意大利巴尼亚亚的兰特庄园

在巴洛克花园中，为漫步和车马留出的开阔空间营造出的静穆感，和更为隐秘的小空间形成了彼此平衡的关系。

在巴洛克花园带来的新理念中，中央街道更加重要，它可以从花园内部一直延伸到开阔的乡野。

在精心修剪之下，一排排树木形状如出一辙，和同样完美地修剪过的绿篱平行。这样便形成了一片规则的空间，为花园划定了规则的几何结构。

中心街道的两侧有树木或绿篱。道路总是有一个没影点，该点位置上经常是一座喷泉。

▲贝纳多·贝洛托，《施洛斯霍夫》(*View of the Schlosshof*)，作于1758—1761年，现藏于奥地利的维也纳艺术史博物馆

在巴洛克花园中，树林外围都环绕着绿植或者网架结构构成的屏障。

三条街衢从一个中心向外散开，中间的街道向前笔直延伸，两侧的则向斜前方延展。

这种轴线形的街道分布在17世纪十分典型，有时也会用在花园之外，比如城市街道或者此处凡尔赛宫中水渠的规划。

挡土墙严格地确定了林区的界线，避免墙内与墙外的环境互相侵犯。巴洛克花园也正是在这种正负空间的巨大张力之中构建起来的，这种精妙的平衡需要悉心打理才能维系。

▲法国画派艺术家，《18世纪早期凡尔赛宫水上剧院中的树丛》（*The Grove of the Théâtre d'eau in the Garden of Versailles in the Early 18th Century*），作于约1725年，现藏于法国的凡尔赛宫与特里亚农宫博物馆

"sharawaggi"一词指的是一种受中国园林启发的园林形制。它拒绝对称的几何结构和严格的形制，推崇能让自然自由生长的设计方案。

在风景园林中，小径蜿蜒，主要供漫步之用。曲折回环的路径有移步换景的效果，让游人产生继续走下去的欲望。

风景园林的设计是不对称的，和严格规整的法式园林大异其趣。

▲威廉·哈维尔（William Havell），
《赫特福德郡的卡西伯里公园》
（*Cassiobury Park, Hertfordshire*），
作于约1850年，现为私人藏品

16世纪文化景观中的一大特点，是对"奇异"的热衷，包括那些非比寻常的、有时甚至骇人听闻的自然景观和来自遥远邦国的稀世珍品。

奇观之园

有时，花园会变成一座巨型的古玩展柜，一个露天的奇珍异宝陈列室，各类珍品都在喷泉、洞穴、迷宫和水系的背景下陈列展示着。曼图亚便是一个早期的例子。洞穴、秘密花园和曼图亚侯爵夫人伊萨贝拉·埃斯特（Isabella d'Este）的古玩陈列室一起构成了一个独一无二的整体，是人文主义者的集会之地。几十年后，斐迪南二世（Ferdinand II）修建了一座珍宝阁（Wunderkammer），占据了因斯布鲁克附近安布拉斯城（Schloss Ambras）下部的城堡，皇家猎场内的花园中遍布着种种珍禽异兽。然而，此类建筑中最为成功的、自然的珍宝展馆与人工建设的自然景观间的关系最为明显的，恐怕要数普拉托里诺（Pratalino）的美第奇公园。公园是16世纪晚期由弗朗切斯科一世设计的。建筑群中有一座巨大的别墅，收藏着无数珍品，花园公园记载着往昔的峥嵘和当下惊人的珍奇。美第奇公园是一座名副其实的露天奇珍异宝陈列馆，园中还有岩穴、喷泉及各类人造景观。洞穴中有价值不菲的珊瑚和宝石，园中的草场上群芳斗艳姹紫嫣红。错综复杂的步道让游客得以分阶段领略公园的奇特之处，自动机械小剧场、水力风琴、模仿鸟叫的机械和装饰性的水景，种种精心设计的场景在游客内心激发起惊奇之情。模仿美第奇公园的奇思妙想的园林很快遍布欧洲，但在诸多花园中，现存的仅有一座，那便是位于奥地利萨尔兹堡的海尔布伦（Hellbrunn）宫。

▼ 《自动机械剧场》（*The Theatre of Automatons*），现藏于奥地利萨尔兹堡海尔布伦宫

宫殿建筑地下有一
系列洞穴。园中景
点陈列着各色自动
机械，机械的运转
还伴有声光效果，
给当时的游客带来
了奇幻的体验。

一种观点认为，美
第奇花园并不严格
遵循任何一种寓言
系统。它貌似一张
"描绘着王子的想象
的、有比喻意义的
字母表"，一座可供
王子收藏各类自然
与人工奇珍物件的
露天博物馆。因此，
公园也便成了可以
进行学术和科学实
验的博物馆工作坊，
同时也为游人提供
者感官刺激，获得
忘我的审美体验。

▲朱斯托·尤腾斯，《普拉托里诺的别墅与公园》(*The Villa and Park at Pratolino*)，
作于约1599年，现藏于意大利佛罗伦萨的地质历史博物馆

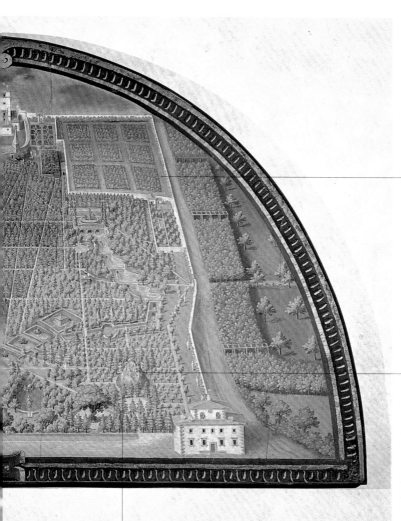

园中四处都充斥着寓言，仿佛是要向游人揭开自然的迷局。

帕纳索斯山上有阿波罗和缪斯，山体中装有水力风琴，制造出一种众神在演奏各种乐器的效果。山的四周摆着椅子，供游客观景之用。

一条长满青草、点缀着喷泉和水景的街衢从别墅一直延伸至洗衣女喷泉。

"可供人居的树木"在画面中被描绘成了巨大的橡树，有两组梯子通向硕大无朋的树冠，上方一片宽约14.6米的区域有一座喷泉。

161

"岩石"是花园的一大特色。
这种外形酷似岩石的外观长约
250米，包围着矩形的运河。

被流放的波兰国王、法国路易十五的岳父斯坦尼斯瓦夫·莱什琴斯基（Stanisław Leszczyński）在1737年开始了吕纳维尔（Luneville）花园的重建工作。

这部分岩石原样再现了一幅乡村的日常图景，包括乡村中的居民和动物。这些形象的运动都是由复杂的水力设施驱动的。

石壁上共计有八十六台自动机械，都是按照文艺复兴时期洞穴中的自动机械的样式制作的。这些机器不仅能运动，还能制造声音效果，比如工具发出的噪声、动物的叫声和悠扬的乐声等。

▲安德烈·乔利（André Joly），《吕纳维尔城堡和自动机械池边的石壁》（*The Château of Luneville and the Rocher around the Basin of Automatons*），作于约1775年，现藏于法国南锡的洛林历史博物馆

迷宫提供了一条艰难的、无法确知出路在何方的路径，令人心生困惑。花园迷宫（Irrgarten）的特色是没有规律的路径及其带来的茫然失措的体验。

迷宫

在16世纪晚期和17世纪早期，全欧洲的花园中都有迷宫的踪迹，迷宫花园尤甚。艺术赞助人们从已知的文化掌故中获得了乐趣，他们也想冒一冒可以预见的迷路的风险，或者去那些容易迷路的地方幽会，这便是这一复杂的文化现象的主要原因。迷宫通常是由高高的绿篱建成的。17世纪晚期前后，种植树木或灌木营造密集的绿化空间的做法广泛流传开来，浓密的林木间设有小径。16世纪诞生了一种以展现爱情的种种麻烦和含混模糊为主要目的的迷宫，其形式以"爱的迷宫"闻名，绿篱呈同心圆状排布，圆心处矗立着一座亭子，亭中有一株山楂树，代表着异教的节日和与自然重生相关的仪式，是生育繁殖的象征，有强烈的色情暗示。不过，迷宫中央的树也代表着伊甸园中的生命之树，这样一来，那对漫步在迷宫中、朝着中心走去的眷侣便能让人联想到伊甸园中的第一对爱人了。迷宫负面的含义就是对人类原罪和人类被逐出天堂一事的指涉。在那之后，对迷宫的执迷便渐渐降温了。到18世纪晚期，园中的迷宫已经消失，为新的建筑景观让出空间。

▼丁托列托画派艺术家，《爱的迷宫》（*The Labyrinth of Love*），作于约1555年，现藏于英国伦敦的汉普顿宫

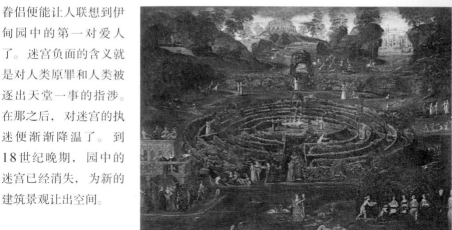

爱的迷宫暗指大卫王与
拔士巴遭禁的结合。

爱的迷宫由同心圆状的树篱组成，
圆心处有亭子或山楂树。

大卫在宫中的阳台上
看到在沐浴的拔士巴，
便疯狂地爱上了她。

大卫告诉拔士巴的
丈夫乌利亚，他马
上就会被送去随军
远征，永不回来。

▲弗拉芒画派艺术家，《大卫与拔士巴的故事》
（*Stories of David and Bathsheba*），作于16世纪，
现藏于英国伦敦的马利波恩板球俱乐部

凡尔赛的迷宫始建于1674年。
这是一座迷宫花园，小径穿
插在浓密的绿色植物中间。

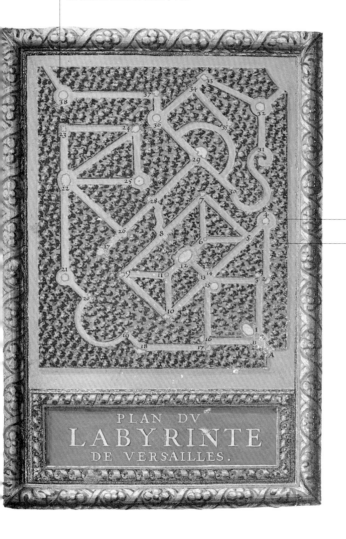

迷宫中点缀着喷泉和
描绘着伊索寓言中场
景的雕塑。迷宫于
1775年末拆毁，用于
建造王后的树林。

在巴洛克时期，迷宫
的象征意义和哲学意义
（比如寻找自己、罪恶
的世界、亡灵的世界
等）渐渐消退，让位
给轻松快乐、精心设
计的游戏娱乐。

▲雅克·巴伊（Jacque Bailly），《凡尔赛的迷宫》
（*The Labyrinth of Versailles*），作于17世纪，现藏于
法国巴黎的小宫博物馆

岛上有一座圆形迷宫，迷宫中有六条树篱围成的走廊，中心处按照经典的迷宫布局种着一棵山楂树，树冠修剪成碟状。这座小岛可能象征着基西拉岛或者克里特岛，而迷宫很可能带有和情爱有关的暗示。

这幅画是系列绘画作品之一，该系列作品描绘了不同季节和月份的景物。这幅画再现的可能是五月的景致。

最早的公园迷宫诞生于14世纪。法国埃丹城堡花园中的迷宫名叫迪达勒斯宅邸（Maison Dedalus），暗示着克里特神话的内容。这座迷宫的存在只能在文字中找到佐证。我们只知道它的形制类似于爱的迷宫，但无从得知它的具体样貌。

前景中的人物正在树丛间野餐，尽享乡间乐趣。背景中的城市有可能是布鲁塞尔，坐落于一片充满传奇色彩的景物之中。

▲卢卡斯·范·瓦尔肯伯奇（lucas van valckenborch），《春日景物》（*Spring Landscape*），作于1587年，现藏于奥地利的维也纳艺术史博物馆

花园中长椅的功能完全是实用的，但长椅的做工却能展现出主人的文化修养和艺术品位。

座椅

　　长椅除了可以反映赞助人的艺术品位（艺术品位是和社会文化背景分不开的）之外，还可以被视作一件特地摆在某个特定环境中的手工艺品，能起到改变周围环境的作用。自古以来，物件的设计都是它赖以存在的风格语言的反映。在中世纪的微型绘画中，长椅上通常覆盖着草。长椅的支撑结构里用到了各种各样的材料，比如德国采用简单的木板，而欧洲的其他地区则更青睐石头或砖。结构填满土壤，最后盖上草皮，这样就和四周环境融为一体了。文艺复兴时期和巴洛克时期的花园中供人休憩的场所相对较少，通常是石椅和木椅。19世纪期间，在折中主义浪潮的席卷之下，园中的长椅终于能够满足不同种类的需求了：长椅必须别具一格，带来视觉冲击感或者带着适合风景园林的"有乡土气息的"艺术风格。在工业革命时期，随着商品的大量生产和易得的新型材料，风格复古和创造反映当代审美旨趣的新艺术形式越来越容易，折中主义思潮也随之发展到了新的极致。物件可以在园中自成一景，也可以融入周围的景物。

▼ 弗朗切斯科·德尔·科萨（Francesco del Cossa），《四月》局部，作于1467年，现藏于意大利费拉拉的斯奇法挪亚宫

砖石砌成的巨大的长椅成了音乐家演出的舞台。

一堵高墙将花园同外面的世界隔绝开来，园内的世界是已知的、安全的，而外面的世界则是未知的、凶险的。

舞台下方设有座椅，方便舞者休息。

在中世纪，用于建造长椅的材料多种多样，包括木板、砖石等。结构内部用土壤填充，上面覆盖草皮，让长椅和园中景物融为一体。

▲茹弗内尔古抄本画师（Master of the Jouvenel Codex），《花园里的舞蹈》，作于约1460年，现藏于法国巴黎的法国国家图书馆

赫尔辛基的公园具备典型的
风景园林的特征，自然景物
不受人为束缚。

长椅和园中景物
完美融合，丝毫
不显扎眼。

种在花盆中的植物好似一个从花
园整体环境中独立出来的小世界，
它也许是一株需要悉心照料的植
物标本，可能仅仅起装饰作用，
也可能有着特殊的象征含义。

工业革命让设计
师创造出能反映
当代审美趣味的
新型园林桌椅。

▲约翰·克纽森（Johann Knutson），
《赫尔辛基的公共花园》，作于1872年，
现藏于芬兰赫尔辛基的阿黛农美术馆

圆形的喷泉和长椅一样，
都由石头制成，在花园
中十分惹眼。

石凳融入了花园
景物之中，并不
显得突兀，也没
有象征含义。

梵高是从很低的视角描
绘这座花园的。前景
中密集的笔画和曲折的
树干营造出了一种极具
表现力的张力，传递
着无穷无尽的孤寂。

▲文森特·梵高，《石凳》（*Stone
Bench*），作于1889年，现藏于
巴西圣保罗艺术博物馆

▶乔治·席格，《四条长椅上的三个人》
（*Three People on Four Benches*），
作于1979年

乔治·席格（George Segal）用石膏
塑造出了日常生活中的人物形象。

人物距离较近，但样子若
即若离，仿佛都忘形于自
己的思绪当中了。公园中
的长椅不再代表着聚集和
交流，反而成了现代生活
的不适和孤寂的象征。

长椅看上去加强了
坐着的人物的迷失
感和孤寂感。

自古以来，花卉一直是园林艺术中至关重要的角色。对女神弗洛拉的崇拜可以追溯到古罗马时期，随后迅速传遍世界。

花卉

中世纪时期，花卉都种植在植物标本园中。植物标本园是一片封闭区域，让人联想到封闭式花园。这座小巧的花园中遍植百合、玫瑰和牡丹，玫瑰藤、忍冬、常春藤和葡萄藤在格架里攀缘而上。文艺复兴时期，在紧实密集的常绿植物的映衬之下（常绿植物是花园中关键的元素，是支撑起花园的一副骨骼），花卉成了不可或缺的园林饰物，在花床中成排种植，或者栽种在特制的花盆中。此外，16世纪期间，由于可以从刚刚发现的大陆引进新花卉品种，可供栽培的花卉种类急剧增加，即使是那些有黄杨木花坛和精心修剪的树篱和常绿植物的法式园林，也对花卉敞开了大门。路易十四在特里亚农宫种下了大量花卉，园中巨大的花床里培育着名目繁多的花木。为了不让路易十四看到草木凋零的样子，花卉都栽种在花盆里，以便清理更换。不过，风景园林中却没有花卉的位置，至少在园林设计者受洛林和普桑的影响时是如此。在风景园林中，棕色的色调和各类绿植与蓝色的天空、金色的夕阳形成了鲜明的对照。维多利亚时期富丽堂皇的装饰让花卉重返园林，那时颇受欢迎的做法是在花床中种植五彩斑斓的鲜花，不同的花卉按时间次第盛开，有时可以在不同形态和颜色的花朵间形成鲜明的对比。

▼ 文森特·梵高，《鸢尾花》(Irises)，作于1889年，现藏于美国洛杉矶的保罗·盖蒂博物馆

荷兰花园通常玲珑小巧，形制规范，讲求对称。花园外围有时环绕着树木，在经改造后建成的花园周围还有运河。

在荷兰，花园概念和荷兰的加尔文派精神和共和思想密切相关。那些巴洛克花园颇具戏剧性的、富丽堂皇的风格是不会出现在荷兰花园中的。

荷兰花园的突出特点之一，就是花床和花盆中繁盛的花卉。从17世纪中期开始，郁金香曾盛极一时。

▲艾萨克·范·奥斯登（Izaak van Oosten），《带花园的风景》（*Landscape with Garden*），作于17世纪，现藏于英国伦敦拉斐尔·瓦尔斯画廊

维多利亚时期的
花园中，花卉的
存在极为惹眼，
在园中的花床里
种植姹紫嫣红、
形态各异的花卉
已经是司空见惯
的做法。

在19世纪期间，由于对海外
奇珍花卉的热衷，可供栽培
的花卉种类愈加丰富。来自
美洲、澳大利亚和新西兰的
花木极大地拓展了植物的品
种，增添了新的色彩，有时
甚至让花园都失去了美感。

▲《特伦特姆府邸的花架》（Trellis of Flowers at Trentham Hall），
选自E.阿德文诺·布鲁克（E. Adveno Brooke）的《英格兰的花园》
（*The Garden of England*，伦敦，1857年）

沿格架生长的玫瑰花常见于封闭园林，现在看来已经是很久远的记忆了。雷普敦却在自己的花园中建起了一个拱廊，上面爬满了玫瑰藤。花瓣状的花床里种着玫瑰，也重复着花卉的主题。

在这幅水彩画中，雷普敦以强大的艺术感知力描摹了园中花卉的形象。

擅长风景绘画的雷普敦把不入园林绘画之流的花朵重新带进了自己的绘画作品里。

大约此时，海量的新花卉品种引进英格兰，载于出版的书籍和目录中。

▲汉弗里·雷普敦，《阿什里奇庄园的玫瑰》（*The Rosary at Ashridge*），选自《风景园艺理论与实践举隅》（*Fragments on the Theory and Practice of Landscape Gardening*，伦敦，1816年）

按天性自然生长的植物给花园增添了柔和的气息。葛楚德·杰基尔（Gertrude Jekyll）将色彩和形式和谐地组合在一起，创造了知名的"草本花坛"。花坛是由各类草本植物和鸢尾花、羽扇豆、玫瑰和香豌豆等或名贵或常见的花卉组成的。

杰基尔是当时最著名的英国园林设计师。她从19世纪晚期开始和建筑师、风景设计师埃德温·鲁琴斯（Edwin Lutyens）密切合作，共同设计了近百座花园。

葛楚德·杰基尔和埃德温·鲁琴斯合作设计的花园既可以满足对正规花园的渴望，也可以迎合对自然园林的青睐。

▲海伦·派特森·阿林厄姆（Helen Paterson Allingham），《曼斯特伍德的葛楚德·杰基尔的花园》（*Gertrude Jekyll's Garden, Munstead Wood*），作于约1900年，现为私人藏品

杰基尔技艺炉火纯青，植物知识渊博，能将不同种类的花卉组合起来，营造出五彩缤纷、色彩渐变的视觉效果。她的研究成果于1908年出版，题为《花卉园林的色彩》（*Colour in the Flower Garden*），时至今日都启发着花园设计者和花卉爱好者。

安迪·沃霍尔（Andy
Warhol）在绘制《花》
（Flowers）时采用的最
初的图片，是在一个名
叫"给你的花园拍照"
的摄影比赛中获二等奖
的作品。这次大赛是一
本法国女性杂志宣传推
广的。

沃霍尔把平庸无奇、
司空见惯的花朵从它
的背景中抽离出来，
把它当作大众市场中
一个陈词滥调般的形
象，赋予它自主的
生命力。

每个格子中有四朵花，
彼此独立，无限重续，
是花园原型形象的反映，
激发了对花卉的热爱和
建造属于自己的花园的
冲动。

▲安迪·沃霍尔，《花》，作于1964年，
现为私人藏品

水，是花园中出类拔萃的象征元素，是花园不可或缺的组成部分。说水是"花园的灵魂"也不为过。

水

▼《管风琴喷泉》（*The Fountain of the Organ*），作于16世纪，现藏于意大利蒂沃利的埃斯特庄园

水是原始的、变动不居的力量的原型，出现在世界创生的时刻，它是生灵的源泉，但汇成洪水也是激流冲荡、分崩离析的媒介。水是园林的重要组成部分。无论在什么时代，几乎每座园林中水的出现都带着一个等人破解的谜题，激发了某种特定的心理状态，同时也为植物提供着养料。据说苏格拉底都曾经认为，喷泉中的涓涓流水柔和的晚风能激起人的好奇心。狂吼着奔突而出的瀑布令人惊愕，甚至能引起对未知事物的惊恐情绪。神奇的音响变化和喷泉携带的寓言意义不禁让观者想深入谜团一探究竟，去探索整个花园通过水系布局传递的神秘信息。水具有无与伦比的可塑性，在人对人工制品和奇观景象的热衷之下，水的形态也随着容器的样貌千变万化，它激励着我们加强水力，发明自动机械和水力驱动的乐器。水喷向天空的伟力足以与重力抗衡，宽广的池塘里一泓静水倒映出周围的景致，拓展着空间。如果说水在巴洛克喷泉中最为突出的是人工的、奇观的一面，那么18世纪晚期当再现的象征主义陷入巨大危机的时刻，喷泉便失去了它的寓言功能，重新回到表达泉流河湖的自然意蕴的作用中来了。

花园最初呈几何状的线型设计已经荡然无存。没有了原初一体的设计方案，花园的不同部分已经不再彼此直接相连，分裂成许多独立的封闭空间。

园中的植物杂然无序，在雕塑上方恣意生长，营造出了一种忧郁、陌生的氛围。花园颓败的情形可见一斑。

人工造物和奇观景象是巴洛克花园最突出的美学风尚。百泉巷（The Alley of the Hundred Fountains）中有一大排水龙头，在视野中和"小罗马"建筑群中的卵形喷泉相连。

广场内侧的浮雕再现了奥维德的《变形记》中的场景。

▲约翰·威廉·保尔（Johann Whihelm Baur），《蒂沃利埃斯特庄园的花园》（*The Gardens of the Villa d'Este at Tivoli*），作于1641年，现藏于匈牙利布达佩斯美术博物馆

水在荷兰花园中的作用并不如在意大利花园中那般重要。荷兰花园中的水通常在运河和池塘里，在用大堤围垦造出的低地尤其如此。园中的水像镜子一样映照着周围的环境。

人工湖中央的小岛上有一座椭圆形的迷宫，迷宫里有同心圆状的绿篱，重心矗立着一根五朔节花柱。人们或成双结对或独自漫步在迷宫当中。

亭台上和树荫处绽放的玫瑰花提醒着我们，春天是属于爱和娱乐的时节。

荷兰花园形状规则，讲究对称，分成四边形（通常是方形）的区域，不同区域间用高高的树篱隔开。

▲汉斯·博尔（Hans Bol），《带城堡的公园》（*Park with Castle*），作于1589年，现藏于德国柏林绘画画廊

在英格兰，对规格严整的法式园林的摒弃也有着政治意义，代表着英国政治体系的自由。

在人们眼中，自然是充满魅力的，是自由与无序的结合体，应该恣意生长。

在英式园林中，水已经摆脱了它繁复的象征含义，在那些自由流动于园中的溪流河湖中重新发现了它的自然意义。

▲弗雷德里克·理查德·李（Frederick Richard Lee），《鹿在奇尔斯顿公园的湖边吃草》（*Deer Grazing by the Lake at Chilston Park*），作于19世纪，现藏于英国伦敦阿格纽画廊

弗洛拉喷泉位于花园的中心大道上，矗立在大花坛之间，喷泉中的人物由铅表面镀金而成。

装饰性的大水池左右对称，通向花园。装潢富丽的小船和贡多拉就是在水池的人工堤岸边下水的。

▲贝纳多·贝洛托，《内芬堡宫的城堡》（*The Castle of Nymphenburg*），作于约1761年，现藏于美国华盛顿的国家美术馆

城堡花园通向一片
水池，水池又与中
央的大运河相连，
这些景物都和宫殿
建筑处在同一个中
轴上。

贡多拉船上的船夫显然
是王子雇用的，负责为
频繁造访宫殿、观光取
乐的王公贵族划船。

櫻桃上方的梗可以喷水，一层水覆盖在樱桃表面，在太阳下闪闪发光。

梗的上半部分能喷出一股更加美妙动人的水流，直接落入勺子中，再经由勺子注入池塘。有时在强烈的阳光下，喷出的水柱能产生一道彩虹。

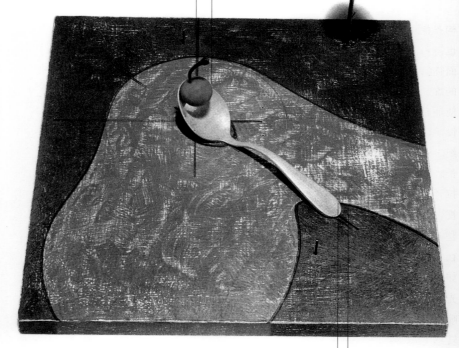

这座勺子状的桥可以理解为喷泉和雕塑的结合体，它横跨小池塘，给花园增添了轻松愉悦的气氛，和周遭景物融为一体。

雕塑家克拉斯·奥顿伯格（Claes Oldenburg）通常以放大的方式重现日常生活中的常见物品，将其变为真正的艺术品。

▲克拉斯·奥顿伯格和妻子库斯杰·范·布鲁根（Coosje van Bruggen）、《勺桥和樱桃》（*Model for Spoonbridge and Cherry*），作于1986年，现藏于美国明尼阿波利斯的沃克艺术中心

巴洛克花园利用了前沿的科技知识，这些知识又不断更新、与时俱进。

科技

巴洛克花园的使命是建造象征着无穷无限的花园，结构齐整，呈几何状，不同部分之间彼此相连。园林设计者也需要考虑参观者的视角、视野和移动轨迹。因此，他们面临的种种问题，刚好也是建设要塞碉堡的工程师们遭遇的难题。因为类似的原因，通过建设梯级、堡垒和斜坡来使地面齐平的地表建筑营造方法，也借用了军事建筑的建设手段。可供园艺设计师使用的数学工具已经诞生几个世纪之久，但其应用在17世纪才得到优化。巴洛克花园中漫长的、笔直的中轴使得视觉和光学的微调成为必须，因为拉开一段距离之后，折射导致光束弯曲变形，肉眼所见的视野便不再是直线状的了。因此，地表的水平必须进行调整。这些纯几何性质的操作，要求设计师谙熟透视理论。在17世纪期间，透视理论进入了许多新兴的知识领域，比如当时正在蓬勃发展的三个光学分支学科：几何光学、屈光学和反射光学。此外，喷泉的运转也需要使用、转移大量的水，这里用到的巨大机械之一便是法国布吉瓦尔（Bougival）塞纳河畔修建的马尔利水机。马利引水渠将塞纳河水从泵站一路输往凡尔赛宫，为一千四百多个喷泉提供水源。

▼皮埃尔·德尼-马丁，《马尔利引水渠的机械》（*The Machine of the Marly Aqueduct*），作于1724年，现藏于法国的凡尔赛宫与特里亚农宫博物馆

18世纪期间，花园在某种意义上成了绿色的舞台，上演了无数骁勇的交锋和奢华的庆祝活动。

舞台

花园是社交燕集和种种世俗活动的背景。不同的地形、拱廊、台阶和梯级构成了一幅花园全景，充满戏剧氛围的活动便在这一背景之下展开。巧妙的营造方法和对透视原理的灵活运用仍人误以为自己身处无穷无尽的空间之中，在凡尔赛宫这种地形本身就绵延不尽的地方更是如此。凡尔赛宫是一座卓越的花园剧场，它那一系列持续变化着的视角令观者称奇。这种建设方式的目的，是把画家在帆布上制造的视觉效果或者舞台布景的视觉效果带入花园之中。设计蒙梭（Monceau）花园的园林设计师、画家、戏剧家路易·德·卡蒙泰勒（Louis de Carmontelle）曾说道："让我们用改造大剧院内部装潢的方式来改造花园里的舞台，让人能在花园舞台上看到所有时代、所有地方最杰出的画家在装饰作品中呈现的那些实物。"花园便这样成了如梦如幻的所在，也真实地实践了这些建造理念。有时候，带有舞台特征的花园和仿造花园而建的舞台甚至古怪地融合在一

▼马肯托尼欧·达尔·雷（Marcantonio dal Re），《阿孔那提别墅花园》（*The Garden of Villa Arconati-Visconti at Castlelazzo*），现藏于意大利米兰

起。花园的装潢包括楼梯、半圆形剧场和舞厅，同时，雕塑、方尖碑和喷泉等本属于花园的元素也登上了剧场的舞台，有时甚至很难区分一件艺术品描绘的究竟是剧院的场景还是真实的花园，游客会沉浸在剧院的幻觉之中，陶醉在喜悦里——这无论对花园还是剧院，都是终极的目的。

水系和喷泉沿着三条小径
像望远镜一般延伸开去，
形态多变。

在背景当中，水与
绿色植物交替出现，
格架支撑起的金字
塔状绿雕矗立在密
林旁边。

▲让·科泰勒，《凡尔赛宫水剧场树林的上半部分》
（*The Upper Part of the Grove of the Water
Theatre of Versaille*），作于1693年，现藏于法
国的凡尔赛宫与特里亚农宫博物馆

水剧场四周点
缀着孩童模样
的神像。剧院
于1770年至1780
年间被毁。

为观众预留的位置
上覆盖着草皮，方
便落座。观众区和
舞台区间用带喷泉
的水池隔开。

一支由五条三桅小帆船和十六条装饰颇具节日氛围的小船，载着国王和王后的宾客驶向更为热闹的节庆场所。

阿兰胡埃斯（Aranjuez）公园和诸多皇家园林一样，都被人们视作举办大型节庆活动的舞台。

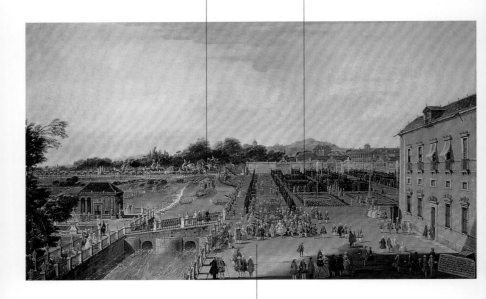

从花坛到绿篱，花园的所有元素都装饰一新，以举办节庆活动，欢迎国王、王后和大臣来园中参加庆祝活动。

▲弗朗切斯科·巴塔哥里奥里（Francesco Battaglioli），《斐迪南六世与芭芭拉皇后与宾客在阿兰胡埃斯王宫的花园中》(*King Ferdinand VI and Queen Barbara of Braganza with Their Guests in the Gardens of the Royal Palace of Aranjuez*)，作于1756年，现藏于西班牙马德里的普拉多博物馆

每条路的尽头都有一座
帕拉第奥式建筑或新古
典主义建筑。

三条路如三叉戟般从
一点分散开来，中间
的路笔直向前，两侧
的道路则伸向斜前方。

三叉戟状的路径设计和
意大利维琴察（Vicenza）
的奥林匹克剧院以及凡
尔赛宫花园的水剧场有
异曲同工之妙。

▲皮耶特·安德烈亚斯·里布拉克 （Pieter Andreas Rysbrack）、
《奇斯威克花园的直线中轴》（*View of the Rectilinear Axes of
Chiswick*），作于1729—1730年，现藏于英国查特斯沃思庄园
理事会

18世纪上半叶，用绿色植物搭建舞台的做法遍及欧洲，其中为宴会和节庆目的建造的舞台尤其多。

精心修剪的树木构成的永久背景和来自温室的植物相得益彰。

花园装饰富丽，很难区分人造的物件和天然的树木，因为树木已经被修剪成规则的几何形状。

在花园坚硬的金属格架上，植物按照人们的意愿被培育和塑形，这是一种在英式园林准则中遭到驳斥的方法。

▲法国画派艺术家，《夏天里柑橘树的排列》（*Summer Arrangement of Orange Trees*），作于约1750年，现藏于法国巴黎装饰艺术图书馆

女像柱支撑起一座引人注目的爬满树藤的结构，是后面正在布置的现场的入口。

场景的布置极具戏剧性，可以看到一系列平行的画框结构，它们的中心都是花园的主轴。

园中遍布着野生树木，形成一道帘幕，更加凸显了花园的几何结构和野生天然的环境之间的区分。

花园好似在真正的舞台上拔地而起一般，旁侧装饰着花瓶的主干道在一片呈几何形状的花坛间直穿而过。

▲贝内德托·卡利亚里（Benedetto Caliari），《带人物的花园》（*Garden with Figures*），作于16世纪下半叶，现藏于意大利贝加莫的卡拉拉学院

细微、连续的笔触赋予了花园如梦如幻的氛围，这种气氛在贵族们青睐的乡间宴会和舞会中很常见。

格架构成了一道屏障，喷泉从雕塑中涌出，这些都构成了前景中爱意融融的场面的背景。

▲ 尼古拉·朗克雷（Nicolas Lancret），《秋千》（*The Swing*），作于约1735年，现藏于西班牙马德里的提森-博内米萨博物馆

巴洛克文化中颇具特色的殷勤的偶遇通常发生在花园中。在花园里，情人们能找到最幽僻的角落，享受丛林间亲近私密的氛围。

前景中的三棵树木增强了观者对景物深度的体验，也构成了这幅画的视觉中心，让人注意到秋千上的女孩、拉着绳子的男士以及坐在喷泉边的一对眷侣。

树丛不再有人精心修剪，开始恣意生长，这座巴洛克花园的颓败从中可见一斑。过度生长的树木参天蔽日，挡住了花园的视觉中轴，仿佛在宣示着它们已被遗忘的主权。

让-安托尼·华托（Jean-Antoine Watteau）以洛可可风格精妙地诠释了法国流行的生活方式，献殷勤、聚会、听音乐正迅速成为主要的社交方式。然而，观者却能从画中感受到一种无处不在的忧郁，就好像画家已经清晰地感受到了时间永恒的流逝，赏心乐事转眼便散如云烟。

一条小径穿过水边的树林，视线沿小径延伸着，止于一座在远方的微光中隐约可见的帕拉第奥式建筑的正面。

画中的花园好似剧场的舞台，也可以从相反的角度把它看作受真实花园启发的舞台布景。这幅画呈现的可能是皮埃尔·克罗扎（Pierre Crozat）在蒙莫朗西（Montmorancy）附近的花园和住宅，也可能是在某个剧场布景的启发下绘制而成的。

▲让-安托尼·华托，《视角》（La Perpective），作于约1718年，现藏于美国波士顿美术博物馆

花坛是宽阔的、呈几何形状的，用于栽培植物，起装饰作用，通常十分靠近宫殿或城堡建筑。

花坛

花坛通常位置较低，是起装饰作用的花床，由黄杨树、彩色的灌木和花草组成，设计多样，形态不一。最著名的花坛要数法式刺绣花坛（parterre de broderie），形状好似亨利四世和路易十三时期繁复的织锦设计。刺绣花坛使用了大量曲线形的装饰图案。在"分区花坛"中，花朵的形状是关键的装饰元素，种在分成不同几何形状的花坛里。花坛对称分布，外围环绕着小径，以便园丁侍弄花草。英式花坛则是一片几何形的草坪，外侧有雕塑、花卉和绿雕，因常见于英国而得名。意大利风格的草坪则以着规则的几何状设计著称，这种设计形式是以意大利花园特有的四边形结构为基础的。花坛这一概念诞生于16世纪末的法国，指的是一种特别的新型花园设计方案，后来专指巴洛克时期。最终，parterre一词开始广泛使用，可以指巴洛克时期或17世纪前后任何时代特有的一切花床布局。

▶弗拉芒画派艺术家，《南锡宫花园》（*The Garden of the Palace of Nancy*），作于1635年，现藏于捷克的布拉格国家美术馆

形状规则的路径汇入一片由花坛占据的中心地带。高大的绿篱在精心修剪之下形成了一道名副其实的绿色屏障，绿篱之外种着一排形态相似的树木。

画面左侧的路通向一片人工种植的土地，通过右侧的路则可以看到海上往来的船只，展现了荷兰积累财富的两大主要源头。

刺绣花坛的形状让人联想到亨利四世和路易十三时期繁复的织锦图案，类似植物的新芽、阿拉伯花饰和蜿蜒的旋涡状花纹。

一些鲜花已在盛开，貌似是新近种在花坛的旋涡状纹饰里的。

▲约翰内斯·詹森（Johannes Janson），《一座布局规整的花园》（*A Formal Garden*）局部，作于1766年，现藏于美国洛杉矶的保罗·盖蒂博物馆

在法语中，par terre的意思是"在地上"。

呈几何形状的意大利风格花坛有着统一的设计风格，是在意大利花园分成不同区域的模式的启发下诞生的。

意大利风格的花床边缘笔直，呈几何状，分成不同区域，周围的绿篱有时可达一米高。法式花坛直接脱胎于意大利花坛。

图中园内的花坛是下卧式的，四周有矮墙，墙上点缀着盆栽。显然，图中展示的是文艺复兴时期典型的英国园林设计。

▲英国画派艺术家，《诺丁汉的皮埃尔庞特庄园》（*Pierrepont House at Npttingham*），作于约1710年，现藏于耶鲁大学英国艺术中心，保罗·梅隆藏品

德国巴洛克花园从意大利
文艺复兴时期的园林中借
鉴来一些元素，再经过加
工处理推陈出新。

花园布局对称，与建筑物和
自然风光完美结合。

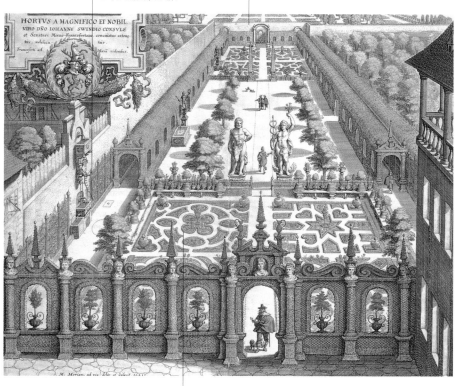

在"分区花坛"中，
花朵的形象是反复出现
的装饰元素。花坛的
组成部分按对称的方
式排布，四周有小径，
以便园丁侍弄花草。

▲老马特乌斯·梅里安（Matthäus Merian the Elder），
《施温德市长的花园》（*The Garden of Bürgermeister
Schwind*），作于约1641年，现为私人藏品

从贝洛托的视角看维也纳，可以看到1700年至1725年间在法式花园的影响下修建的景观花园。

在贝洛托的画中，我们可以看到一些装饰着花园的雕塑。这些雕塑的创作灵感来自阿波罗的传说和构成世界的四种元素。如今雕塑多已遗失或被毁。

英式园林因其在英国流行而得名。经过修剪的草坪呈几何形状，点缀着雕塑、花卉和绿雕。

▲贝纳多·贝洛托，《从景观花园看维也纳》（*View of Vienna from the Belvedere*），作于1758年，现藏于奥地利的维也纳艺术史博物馆

凡尔赛宫著名的镜厅1679年才开始建设，此前凡尔赛宫的主体建筑通向一个宽敞的梯级。

水花坛是由一个或多个水池组成的，水池组合的方式类似于分成不同区域或呈几何形状的花坛设计。

喷泉往往从水花坛中涌出。

▲法国画派艺术家，《1675年前后从水花坛看凡尔赛宫》（View of the château of Versailles *from the Parterre d'Eau around 1675*），作于17世纪，现藏于法国凡尔赛宫与特里亚农宫博物馆

微缩建筑与装饰建筑指的是为了装饰总体景观而建设的、微缩的建筑物或建筑结构，有着特定的图像学意义。

微缩建筑与装饰建筑

▼英国画派艺术家，《北约克郡的邓库姆公园》（*View of Duncombe in North Yorkshire*），作于18世纪，现为私人藏品

经过英国风景园林的"解放"，花园中慢慢增添了建筑物，其中包括颇具东方气息的亭台和其他能为园林风格增色的建筑结构。这些建筑有些是纯装饰性的，但通常带有特殊的图像学内涵，展示着花园的内在特质。园中的每个物件都有各自的意义。方尖碑让人联想到古埃及，神庙让人梦回古希腊。园林就这样将自身置于清晰明确的文化含义之中，被视作往昔和遐远的国度的象征。花园成了某种露天的百科全书，漫步于园中小径，可以一睹世界各地的美景。不过，花园也可以在简单的人造废墟之下，掩盖起特殊的意识形态的讯息。比如，法国埃默农维尔的哲学会堂（Temple of Philosophy）可以理解成对人类进步的赞美，只有在未来一代代人的努力下，这座未完工的建筑才可能建成。微缩建筑既是建筑模型，又是真实的建筑物，有时成了赞助人好大喜功的象征。对这种样子花哨的小型装饰建筑的热衷愈演愈烈，最终成了一种名副其实的狂热，一些艺术家对这一现象进行了嘲讽。比如，巴塞尔艺术博物馆（Kunstmuseum Basel）藏有于贝尔·罗伯特的一幅画，画中有一个形似洞穴、上方装饰有方尖碑的狗窝，显然是在讽刺这种对装饰建筑的荒唐的狂热。

蒙梭花园中建造了诸多如舞台布景般的建筑，包括一片坟墓、土耳其风格和鞑靼风格的帐篷、一座风车、一座城堡的废墟、一片供人驾船观光的湖泊和一座埃及金字塔。根据设计初衷，从远处看，这些建筑物能制造一种错觉，仿佛花园比实际的规模大出很多。

蒙梭花园的设计者路易·德·卡蒙泰勒是画家、艺术批评家、园林设计师和剧作家。蒙梭花园建于1773年至1778年，是为倾心于英国文化的查特斯公爵（the Duke of Chartres）修建的。

卡蒙泰勒创造的风景园林艺术根植于幻想和幻觉。在园中漫步一次，就能领略无数美景。他认为，花园应在有限的区域内包含"一切时代和一切地点"。

▲路易·德·卡蒙泰勒，《卡蒙泰勒将蒙梭花园的钥匙献给沙特尔公爵》（*Carmentelle Presenting the Keys to the Park of Monceau to the Duke of Chartres*），作于约1790年，现藏于法国巴黎卡纳瓦雷博物馆

受中国风格启发的建筑物矗立在新古典主义建筑旁边，交替出现的断壁残垣引发了游人对废墟的玩味，体现着卡蒙泰勒将"一切时代和一切地点"汇集在这样一座露天博物馆中的决心。

文雅入流的爱人们在园中比比皆是的纪念碑和装饰建筑之间漫步。仔细端详可以发现，他们能让人想起卡蒙泰勒的那些描绘蒙梭公园的作品。

▲路易·德·卡蒙泰勒，《公园中漫步的人》（*Figures Walking in a Parkland*），作于1783年至1800年间，在透光的瓦特曼纸（Whatman paper）上所作的水彩画和水粉画，现藏于美国洛杉矶的保罗·盖蒂博物馆

在多卷透明纸上描绘的场景中，我们可以看到真实的和想象中的英式园林，反映了当时对遍及众多花园的装饰建筑的热衷。

1783年，卡蒙泰勒开始在约50厘米宽、10多米长的长条形洋葱纸上作画。这些画作可以制成一种奇异的灯笼，当画纸在透明的管子四周缓缓移动时，能创造出画中人物仿佛在运动的幻觉，颇具动态效果。

风景园林美学风尚的法国的传播，刚好与在装饰农场和小村庄之类的建筑群里再次创造乡村生活图景的风潮不谋而合，被人们看作对乡村生活的归复。

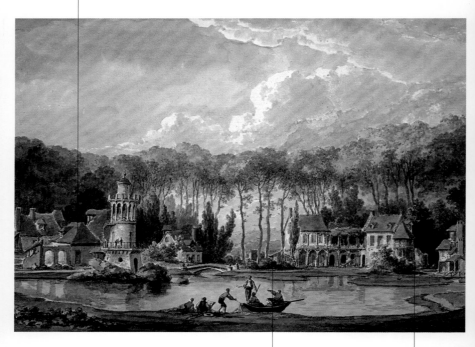

以卢梭为首的哲学家提倡回归自然、回归简单的生活方式，于是许多修道院和适合静思冥想的、远离尘嚣的处所纷纷建立起来。

1782年，于贝尔·罗伯特和理查德·米克（Richard Mique）为玛丽·安托瓦内特（Marie Antoinette）王后修建了闻名遐迩的"小农庄"（Petit Hameau）。王后的小农庄看上去与真正的农庄无异，从农舍到马厩，所有农庄中必要的建筑都面向一片湖水。

▲克劳德-路易·夏特莱（Claude-Louis Châtelet），《小特里亚农宫中的小农庄》（*The "Hameau" in the Petit Hameau Garden*），作于18世纪，现藏于意大利摩德纳的埃斯滕泽图书馆

温室是实验室，是植物标本的贮藏室，也是观赏游乐的好去处，代表了也建立了一种新型的人与自然的关系。

温室

温室最早专属于王公贵族的宅邸和政府部门，从19世纪起，温室也开始出现在公共生活领域，比如城市公园、植物园和所有研究、保护植物的公共场所。工业革命和现代技术进步的浪潮，使得温室设计突飞猛进。首先，约瑟夫·帕克斯顿建造了一批非同寻常的温室建筑。他喜欢将传统建筑材料和铁与玻璃结合在一起，成功建造了能适应气温变化的温室。这一创举引发了越来越多的、有时可堪登峰造极的发明，一些温室甚至跻身19世纪最伟大的建筑物之列。19世纪中叶，温室成了植物园和园艺博览会上最受人青睐的地方，在世界博览会上更是如此。1846年，法国的香榭丽舍大街上矗立起一座气势恢宏的"冬季花园"，游人可以在此观赏各类奇珍植物，购买鲜花，也能在指定区域用餐读报。这座温室当时大获成功，以至于第二年又建起了一座更加宏伟的温室建筑，内有舞厅、台球厅，甚至还有一座画廊和一个大型鸟舍。当时，建设温室的大潮可谓势不可当。不久之后，个人也可以拥有温室了。人们拓展了温室作为冬季花园的功能，把温室建成柑橘暖房或者变温温室等。温室成了房屋不可或缺的一部分，也成了房屋的延展。

相关词条
异域植物

▼ 埃蒂安·阿尔戈让，《凡尔赛城堡的柑橘暖房和花坛》（*View of the Orangerie and Parterres of the Château of Versailles*）局部，作于1686—1696年。现藏于法国的凡尔赛宫与特里亚农宫博物馆

《金苹果园》(*Hesperides*) 是第一部介绍柑橘果树培育的书。该书在国际上大获成功，推动了柑橘暖棚和温室走向欧洲。

柑橘暖棚即用于种植柑橘的大型温室，可以在冬季保护柑橘、含羞草、山茶花、香桃木等异域植物。柑橘暖棚通常是砖石结构建筑，通常南侧或西侧可供采光，光线透过带着可移动窗框的巨大窗户射入屋内。

温室内部植物的位置安排有严格的规则可循。最大的植株最靠近没有窗户的墙体，植株最小、最为娇弱的植物则最靠近窗户。

▲卡米洛·孔吉（Camillo Cungi），《温室里的柑橘树》（*Citrus Trees in a Greenhouse*），选自乔瓦尼·巴蒂斯塔·法拉利（Giovanni Battista Ferrari）的《金苹果园》（罗马，1646年），现为私人藏品

温室北侧的墙体通常是没有窗子的，往往挨着天然的巨大物体或者另一栋建筑物的墙壁以保障隔热效果。

巨大的燃煤火炉为温室供热。
温室的体积允许种植高达五米
的植物。

马拉迈松的大型温室长达50米，是一幢大型玻璃建筑，内部有许多小房间，游人可以欣赏约瑟芬皇后（Empress Josephine）搜集的植物。这些房间也可以当作画廊使用，展出收藏的希腊花瓶。

大航海时代之后，许多先前闻所未闻的植物从世界各地运抵欧洲，对这类植物的科学研究兴趣日益高涨，19世纪兴建的大型温室便是这种研究兴趣的副产物。

▲奥古斯特·加纳雷，《马拉迈松温室内景》（*Interior of the Hothouse at Malmaison*），作于19世纪早期，现藏于法国吕埃-马拉迈松的马拉迈松城堡国家博物馆

帕克斯顿用铁制造建筑内部的支撑结构，用木头制成了建筑外部的框架和连接处，提升了建筑结构适较大温差的能力。

帕克斯顿为1851年在海德公园（Hyde Park）举行的万国工业博览会设计了一座用铁和玻璃建成的雄伟建筑，建筑把古树笼罩在屋宇之下，成功达到了保护古木的目的。

温室让人们更加接近那个充满美景的奇异世界。比如，法国画家亨利·卢梭（Henri Rousseau）就是在参观过法国巴黎的植物园后才创作出画中的密林的。

▲路易·哈希（Louis Haghe），《1851年伦敦万国工业博览会水晶宫内景》（*Interior View of the Crystal Palace at the London Exposition of 1851*），作于约1851年，现藏于英国伦敦维多利亚和阿尔伯特博物馆

大众温室成了供人们进行社交集会、艺人巡演、消遣娱乐和休憩的场所。

修建冬季花园的目的不同于修建温室的科学研究目的。
冬季花园让游客在一年四季都可以领略充满异域风情的
自然风光，在冬季气候苦寒的国家尤其受欢迎。

玻璃屋顶显示，
工业革命使新建
筑技术的使用成
为可能。

花园中元素搭配
风格古怪，营造
出了异域气息和
怪诞的氛围。

▲康斯坦丁·安德烈耶维奇·乌赫托姆斯基（Konstantin
Andreyevich Ukhtomsky），《圣彼得堡冬宫的冬季花园》
（*Winter Garden in the Winter Palace of St. Petersburg*），作于
1862年，现藏于俄罗斯圣彼得堡的国家艾尔米塔什博物馆

中国园林对风景园林的发展产生了深远的影响。大受欢迎的中式园林催生了诸多新哲学和政治思想。

花园中的东方元素

相关词条
风景园林；微缩建筑
与装饰建筑

自中世纪起，中国便一直被西方视作一片充满奇幻色彩的土地，葡萄牙人于16世纪晚期抵达中国后，西方与中国的交流大大增加。16世纪末，中国政府的政治和社会结构在外界看来包容度高、无心恋战，颇受西方观察人士仰慕。19世纪，在传教士的影响下，中国经典得以译为欧洲语言并大获成功，西方哲学家认识到了儒学建立在理性和道德之上的道德品格。英格兰的威廉·坦普爵士（Sir William Temple）是儒学热情的拥趸。1685年，凡尔赛宫正值恢宏鼎盛之时，威廉·坦普撰文详细介绍了中国园林。和那些尊崇严格的几何规则、路径的设置和树木的栽种都讲求对称的欧洲花园相比，中国园林看似更加无序。坦普特以为此造出了后来大受欢迎的sharawaggi（也作sharawadji）一词，该词和中国风格园林相关，这些园林中有通幽曲径，小径上偶尔有小片空地，也有带装饰建筑的圆形地带，装饰建筑一般以亭子和雕塑为主，有移步换景的效果。在法国和英格兰，花园中使用"东方元素"的情况则有所不同。法式园林好比一个舞台，演员次第出场；而在英式园林里，场景则是像在洛林和普桑的绘画中一样、按照某种固定的、自足的模式逐个展开的。人的出现于花园整体的暗示意义几乎无补。

▼ 威廉·丹尼尔（William Daniell），《弗吉尼亚湖边的钓鱼亭》（The Fishing Temple at Virginia Water），作于1827年，现藏于英国布赖顿博物馆与艺术画廊

18世纪早期最早传入英国的中国园林形象,
是三十六幅王宫风景画和耶稣会传教士利
玛窦设计的园林。 他在1724年游历欧洲,
期间曾在英国停留。

威廉·坦普在《论伊壁鸠鲁花园或关
于造园的艺术》(*Upon the gardens of
Epicurus; or Of Gardening*) 中, 曾经
介绍过中国式园林。 他的态度是矛盾
的, 他本人支持这种园林风格, 却不
建议英国人在家修建中式花园。

sharawaggi一词所指的花园
受中国园林的启发, 园中有
小径, 在空地和圆形空间等
各式景观中蜿蜒而过, 不同
于严格对称的欧洲花园。

▲老托马斯·罗宾斯 (Thomas Robbins the Elder)、
《英式园林中的中国亭》(*Chinese Pavillion in an
English Garden*)、作于约1750年。现为私人藏品

花园背景中的异国植物郁郁葱葱，凸显了花园鲜明的东方特色。我们看到的不是东方风格的丝织物，而是一座形似佛塔的轿子。

在法国，对异域风格的热忱直接催生了对中国的热情，中式花园是不对称的、"无序"的，植物可以在园中自由生长。

不拘一格的装饰、典雅精致的绘画、浓郁鲜亮的色彩和纤毫毕现的细节展现了对中国艺术风格的推尊是如何延伸到日常物件、绘画和园艺中的。

▲弗朗索瓦·布歇，《中国花园》（*The Chinese Garden*），作于1742年，现藏于法国贝桑松美术馆

在几个世纪间，花园中树木的排列方式连同审美旨趣和美学意义都有所变化。

树木

自古以来，树木的栽种都是以"梅花形"模式进行的，即一棵树位于中间，另外四棵树位于一个想象中的正方形的四角。这一基本模式经过无数次重复后，已经形成了合理的树木布局。巴洛克花园将这种栽种模式应用到了极致，树木呈直线状栽种，经过精心修剪，样貌几乎一致。灌木篱墙修剪后也呈现规整的几何形状，乔木和灌木篱墙的位置呈精准的几何关系。风景园林则大大改变了对人与自然关系的认识，也改变了对人与树木关系的认识。自然不再接受人类的主宰，而是和人类处在同样的地位，需要人类的尊重。到18世纪末，一些人认为即便风景园林也显得太规整了，因为风景园林里有经过修剪的草坪和蜿蜒起伏赏心悦目的小径。园林设计师应该更加深入地研究未经人工干预的自然环境。新的园林设计思想认为，园林应该摒弃所有不必要的、无意义的建筑结构，比如佛塔和希腊式的小亭子，一切人工斧凿的痕迹都应该是隐秘的，甚至是几乎不可见的。建筑的痕迹连同相关的雕塑和石刻一经移除，就只剩下天然的素材了，比如石块、流水和树木，人们可以用这些材料创造自己的花园。风景绘画的影响力尚在，但园林设计师应该用更自然的视角去诠释、解读，用现有的素材传达理念，尤其要善用那些需要尽量按照自然的方式排列的树木。

相关词条
巴洛克花园；风景园林；微缩建筑与装饰建筑

▼ 约翰·齐格勒（Johann Ziegler），《维也纳奥花园》（*The Vienna Augarten*），作于1783年，现藏于奥地利的维也纳博物馆

树木的排列看似相当自然，但实际上还是相当有序的，周围草场的形态也是如此。

一种更具自然主义色彩的园林思想认为，湖中心的石桥影响了景观的整体性。

小径经过了悉心维护，过于笔直、过于整洁也过于有序，显得不自然。

▲汉弗里·雷普敦，《约克郡温特沃斯的水》（*Water at Wentworth, Yorkshire*），选自《风景原理理论与实践观察》（*Observations on the Theory and Practice of Landscape Gardening*，伦敦，1803年），图中是需要改进的设计方案

这幅画一度是理查德·佩恩·奈特（Richard Payne Knight）的藏品。很显然，他在这幅洛林的画中得到了唐顿庄园（Downton Castle）的设计灵感。

理查德·佩恩·奈特和尤维达尔·普赖斯（Uvedale Price）两位当时的英国文化巨擘都支持一种更具自然主义气息的英国园林设计风格。

如画的风景展现的理应是未经人类扰动的自然风光，这种自然是富有野性的，比风景园林设计师作品中展现的自然更加无序。

▲克劳德·洛林，《克莱森扎一景》（*View of la Crescenza*），作于约1648年，现藏于美国纽约大都会博物馆

尤维达尔·普赖斯爵士在他位于福克斯利（Foxley）的花园中将人工扰动的痕迹控制在最低水平。

理查德·佩恩·奈特的诗歌《风景》（*The Landscape*）曾掀起过一股争论"如画"含义的浪潮。他认为，在"如画"的景色中，树木是不可或缺的。树木为视野提供了边界，也架起了一片令人心绪宁静的拱顶。

园中的路几乎是一片断断续续的小径。

园中唯一一件人造的物品是粗糙的木篱。

▲托马斯·庚斯博罗（Thomas Gainsborough），《赫里福德郡福克斯利的山毛榉和远处的雅泽教堂》（*Beech Trees at Foxley, Herefordshire, with Yazor Church in the Distance*），作于1760年，现藏于英国曼彻斯特的惠特沃斯艺术画廊

16世纪早期，大航海时代为欧洲带来了巴尔干半岛、土耳其、非洲和美洲的域外珍奇植物。

异域植物

由于植物园和植物标本馆的出现，欧洲得以培植那些在原本的气候条件下无法栽培的植物。16世纪晚期，交易奇珍花卉的新国际市场开始形成，在意大利、荷兰、德国、法国和英国，这一市场影响尤为明显。17世纪，需求量最大的花卉要数银莲花和郁金香，其他花卉如风信子、水仙花和鸢尾花也盛行一时。这些花卉通常在室内和其他植物分开放置，栽培在专门开辟的花园里。除花卉以外，也培育了一批果木，种类丰富程度可以与花卉媲美。收集培育域外植物的热情在19世纪达到高峰，在英国尤甚。可供栽培的植物在18世纪末已堪称洋洋大观，在19世纪30年代后更是大幅增长，部分原因可以归结为沃德箱（Wardian case）的发明。沃德箱是一种便携式玻璃容器，因其发明者纳撒尼尔·巴格肖·沃德（Nathaniel Bagshaw Ward）而得名。使用沃德箱可以从全世界采集并向欧洲进口植物。随后，1845年，沃德箱问世几年之后，玻璃税取消，英国人建设温室的成本大大降低。对域外物种的热情迅速波及园林领域，有时，进口花卉草木极不协调地摆在一起，像一场花哨俗艳的展会。

相关词条

花卉；温室

▼ 西奥多勒斯·奈切（Theodorus Netscher），《马修·德克爵士在里士满的花园里种植的凤梨》（*Pineapple Grown in Sir Matthew Decker's Garden at Richmond*），作于1720年，现藏于英国剑桥的菲茨威廉博物馆

国王身后的花园有着典型巴洛克风格的几何形花坛，中心有一条视觉中轴。经过识别，这座花园被认定为克里夫兰女公爵（Duchess of Cleveland）在温莎附近的花园。

皇家园林设计师约翰·罗斯（John Rose）向查理二世（Charles II）敬献英国种植的第一个凤梨。罗斯直接参与了凤梨培育，在庆祝活动中也扮演了关键角色。

从17世纪起，培育域外植物的热情也影响了域外水果的栽培。

▲亨德里克·丹克斯（Hendrick Danckerts），《皇家园林设计师约翰·罗斯向查理二世敬献英格兰栽种的第一颗凤梨》（*John Rose, the King's Gardener, Presents Charles II with the First Pineapple Grown in England*），作于17世纪，现藏于英国里士满的汉姆别墅及花园

对域外植物对好奇和热衷让许多园林设计师和收藏家踏上漫漫长途，寻找可以适应自己国家气候条件的新品种。

小约翰·查德斯肯特（John Tradescant the Younger）将落羽杉（一种杉科植物）、紫瓶子草（猪笼草）和郁金香树从北美引进英格兰。

查德斯肯特是旅行家、收藏家、园林艺术家和园林设计师。他经常四处旅行，尤其常去弗吉尼亚，寻找植物和小型饰物来装点花园和他那摆满全世界奇珍异宝的博物馆般的宅邸。

▲疑为托马斯·德·克里茨（Thomas de Critz）所作，《园艺家小约翰·查德斯肯特》（*John Tradescant the Younger as Gardener*），作于17世纪中期，现藏于英国剑桥的阿什莫林博物馆

普罗科菲·德米朵夫（Prokofy Demidov）是俄国大资产阶级之后，也是自然主义的热情拥趸。他建设了自己的植物园，园中有许多珍稀植物。

画中的他穿着宽松的晨衣，倚靠着用来浇花的水壶，骄傲地指着两株盆栽植物，对奇珍植物的热爱跃然纸上。

德米朵夫也是一位远近闻名的慈善家。这幅画悬挂在他慷慨资助的一家教育机构的会议室里。肖像打破了常规，呈现了赞助人德米朵夫不同寻常的一面，凸显了他对稀有花卉的钟情。

▲德米特里·列维茨基（Dmitri Levitsky），《普罗科菲·阿金费耶维奇·德米朵夫的肖像》（*Portrait of Dmitry Akinfievich Levitsky*），作于1773年，现藏于俄罗斯莫斯科的特列季亚科夫画廊

沃德箱发明之后，英国域外植物品种数量急剧攀升。沃德箱像一个可移动的温室，可以在漫长的海上运输中保证植物存活，进而可以实现大量新品种的引入。

植物种类增加后，英国园林的形式和色彩大大丰富，有时甚至会导致审美品位的丧失。

▲爱德华·约翰·波因特（Edward John Poynter），《在园中》（*In a Garden*），作于1891年，现藏于美国威尔明顿的特拉华艺术博物馆

年轻女子正在园中读书，用一把形似外国花卉的扇子遮挡阳光。

瓮与瓶（urns and vases）极富象征意义，可以用来种植不同品种的花卉植物。

瓮与瓶

▼查尔斯·柯林斯（Charles Colins），《一座规整的花园里的三条西班牙猎犬》（*Three Spaniels in a Formal Garden*），作于约1730年，现为私人藏品

　　一只罐装器皿就可以在花园里形成一个遗世独立的小宇宙，花盆尤其如此。罐的使用有时是严格讲求实用的，方便在冬季将植物移入室内越冬。但种植在盆中的植物也会有具体的象征意义。在古代雅典仪式"阿多尼斯的花园"中，银莲花种在赤陶土制成的小盆或者临时编织的篮子里，庆祝春天的到来，纪念阿佛洛狄特（Aphrodite）与阿多尼斯的结合和突如其来的分散。在中世纪的图像中，种在盆中的花朵多指圣母马利亚，但有时也仅仅起装饰作用，为花园增添古典气息。18世纪晚期、19世纪早期的风景园林艺术家学会了欣赏瓮与瓶的美，因为它们在游人心底激起了某种特别的感情。那时许多园艺方面的著作就记录了不少用瓮和瓶装饰花园的例子。它们可以空空如也，不装任何植物，放在园中的目的只是为了凸显花园的某种装饰性的或者考古学的意义。有些时候，瓮不只起到装饰作用，它作为丧葬用品也能让人联想到死亡与哀悼。

这一场景的背景是一片典型的英式公园。庄园主的宅邸在远方隐隐可见。

花环装饰着瓮，在历史上这象征着生命与美的转瞬即逝。它的出现意味着家中很可能有人过世。

小男孩身后倒在地上的残破的柱顶和小女孩手中的镜子，象征虚荣和人间万物的易逝。

▲威廉·贺加斯，《孩子们的茶会》（*A Children's Tea Party*），作于1730年，现藏于英国加的夫的威尔士国家博物馆和画廊

图中描绘的是从英国怀特岛南端俯瞰英吉利海峡的"果林园"。花园的主人买下这片土地，并在19世纪初委托修建了这座花园。

看台四周围绕着矮墙，墙上摆着装饰性的花盆。这幅画是根据约瑟夫·玛罗德·威廉·透纳（Joseph Mallord WilliamTurner）的学生朱莉亚·戈登夫人（Lady Julia Gordon）的素描作品绘制而成的。

调色板、披肩和琉特琴可能是文明生活的象征，与远处深入英吉利海峡的悬崖峭壁的自然与无序形成鲜明对比。

▲约瑟夫·玛罗德·威廉·透纳，《从奈顿一座别墅的看台上所见的景色，根据一位夫人的素描而作》（*View from the Terrace of a Villa at Niton, Isle of Wight, from Sketches of a Lady*），作于1826年，现藏于美国波士顿美术博物馆

在浪漫的 "废墟美学" 看来，古代的残迹不只有考古学上的意义，更能激发人的感情。

废墟

在文艺复兴的语境之下，废墟被视作一个邀约，吸引着人们重构辉煌的往昔。人文主义者试图运用那个时代的文明提供的种种工具去重建那段辉煌的历史，废墟就是这样的一种工具，经常出现在那些带着些许缅怀旧日的心情、希望在合适的历史背景下重建辉煌往昔的科学与考古争论之中。此后，经过岁月风吹雨打的废墟形象，无论是古典的还是中世纪的，都总能引起对历史的反思，尤其是能带来一种忧郁的情绪，把花园变成了静思的处所。在废墟中，我们意识到人终有一死，反思生命的转瞬即逝，以及那最终导致消亡的无法遏止的衰老。植物在废墟边萌芽，占据建筑废墟的顶端，有时甚至遮挡住了废墟自身，好像要夺回那片曾经被人类占领的自然空间。浪漫主义者的美学观念极为珍视废墟，他们清理掉了公园中娱乐的、怪诞的元素，为忧郁的崇拜腾出空间。颓败的美学理念很快便通过废墟的使用影响到了风景园林，这里的废墟通常是为此人工建造的假废墟。废墟臣服于大自然至高无上的伟力之下，激起游客心中矛盾的心绪。

▼ 英国画派艺术家，《古代神庙废墟中的人物》（*Figure among the Ruins of an Ancient Temple*），作于19世纪，现为私人藏品

"哥特式的"元素慢慢和道德高尚但业已消失的往昔联系在一起。这些"废墟"是在18世纪末建成的。

THE RUINS,
FROGMORE.

画面中作为主体的建筑物所负载的强烈情感,被前景中两位正在看湖面上的鸭子的女性形象中和。

野生的绿色植物自然地长满了建筑物表面,就好像在夺回自己原有的领地一般,让人想到最终导致死亡的无法遏止的衰朽。

▲约翰·根德尔（John Gendall），《浮若阁摩尔宫的废墟》（*Ruins at Frogmore*），作于1828年，现为私人藏品

侧面的视角让巨型拱顶的形象充
满力量，拱顶由圆柱支撑，圆
柱则消失在掩映的绿植和下方沼
泽般的水体中。

废墟仿佛沉浸在一片永恒的空间里，
它的形象带来了一种陌生的感觉，
让参观者欣赏大自然的雄奇伟力。

建筑物中央的雕塑群像看起来
清冷孤寂，四周的绿色植物却
在不断进犯，夺回自己的领地。

废墟起到了某种障碍物的
作用，将树林和前景中的
绿色植物明确地划分开。

▲费迪南德·格奥尔格·瓦尔德米勒，《美泉宫公园里的罗马废墟》
（*Roman Ruins in the Park of Schönbrunn Castle*），作于1832年，
现藏于奥地利维也纳的奥地利美景宫美术馆

人工手段可以在住宅当中复制花园的形象，凸显这一小块人工制造的自然景观的语义内涵。

人造花园

▼格雷汉姆·法根（Graham Fagen），《心的所在之处》（*Where the Heart is*），铜雕塑，藏于爱丁堡多格费舍画廊／伦敦马特画廊

长久以来，东方的君主一直钟情于人工复制的园中动植物。917年，穆克塔迪尔一世（Caliph al-Muqtadir）在宫中建造了一间树屋，室内有机械鸟在金银制造的树枝上啼鸣。不过，这类人造景观对园林设计的影响最强烈的时期到20世纪初才到来，那时，第二次工业革命的新发现和新技术为机械蒙上了神秘的面纱。人造花园中最为极端的案例，要数意大利未来主义者们提出的一项建设方案，他们想把现实与现代主义的新原则联系在一起。在未来主义者眼中，自然世界是过时的，是属于沉湎过去的人（"passé-ist"）的，和现代社会的需求抵牾。不过，未来主义者们乌托邦式的构想并没有将自然世界排除在外。在20世纪早期，贾科莫·巴拉（Giacomo Balla）已经在绘制未来主义花园的新型花卉了，那是一片几何形状的、故意染成艳丽的人工色彩的花海。类似的创意也催生了《未来主义植物宣言》（*Manifesto of Futurist Flora*，1924年）。该作品谴责了古罗马的"月桂"和"华托的装饰性的玫瑰"，赞赏人工制造的小宇宙，支持制造未来主义植物雕塑。即便植物的气味也不再是天然形成的，而是工业生产的，就像汽油和石炭酸的味道一样。新型的花园会用迥然不同的材料制作，从丝绸和天鹅绒到金属丝和赛璐珞（celluloid）都可以用于花园制造，艺术家可以随心所欲地选材实现自我表达。

客人背后悬挂的背景制造了一种幻觉，仿佛他们并不是坐在庭院中间，而是置身于真正的花园里。这是人造花园的一个先例。

在背景中，可以看到一座真正的花园，园中有树荫，下方的格架上长着花朵，据推测是玫瑰花。

装饰着宅邸内部庭院的，可能是百花挂毯（millefleur tapestry），也可能是一块画成花园模样的布，营造出一种人工的、永恒的春天氛围，这样做的目的可能是为了在冬季放松心情。

这幅选自《维吉尔抄本》（Virgil Codex）的袖珍画像作品将狄朵与埃涅阿斯的宴席放在了一处典型的文艺复兴时期贵族官邸之中。

▲阿波罗尼奥·迪·乔凡尼（Apollonio di Giovanni），《狄朵宴请埃涅阿斯》（*Dido's Banquet for Aeneas*），作于1460年，选自《维吉尔抄本》，现藏于意大利佛罗伦萨的里卡迪图书馆

《未来主义植物宣言》是于1924年由费德勒·阿扎里（Fedele Azari）撰写的。在它之前有1915年由贾科莫·巴拉（Giocomo Balla）和福尔图纳托·德佩罗（Fortunato Depero）的《未来主义重建宇宙宣言》（*The Futurist Reconstruction of the Universe*）。

巴拉和德佩罗在表达"通过提振宇宙的状态实现宇宙的重建"时写道，"春天里一座被风吹拂的花园催生了'神奇可变形马达发声花'的构想"。

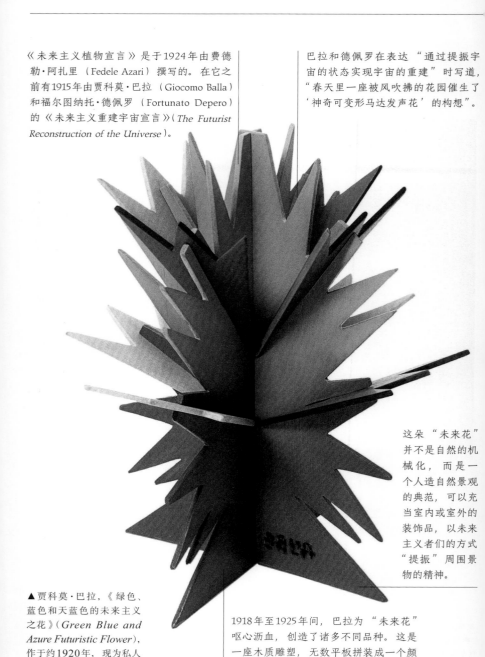

这朵"未来花"并不是自然的机械化，而是一个人造自然景观的典范，可以充当室内或室外的装饰品，以未来主义者们的方式"提振"周围景物的精神。

▲贾科莫·巴拉，《绿色、蓝色和天蓝色的未来主义之花》（*Green Blue and Azure Futuristic Flower*），作于约1920年，现为私人藏品

1918年至1925年间，巴拉为"未来花"呕心沥血，创造了诸多不同品种。这是一座木质雕塑，无数平板拼装成一个颜色鲜亮的三维艺术品。

房间的每一个角落都有一张床，床上有象征着爱情的样式华美的缎被。

图中是某个中心大房间的一角。用装煤的麻袋覆盖着天花板，并在地上盖上厚厚一层枯叶之后，屋子成了某种类似岩穴的景观。房屋正中有一片小池塘，池塘里生长着芦苇和睡莲。

1938年，在于法国巴黎美术画廊举办的超现实主义国际大展上，马赛尔·杜尚（Marcel Duchamp）在画廊的中央大展厅创作了一件装置作品，展厅四周有多条走廊，展厅内好比一座带水塘的花园。

一方面，这一作品将水塘的淤泥和床象征的纯净并置；另一方面，该作品也象征着房屋内自然的驯化。

▲马赛尔·杜尚，《超现实主义展中央展厅内的装置》（*Installation in the central room of the Surrealist Exhibition*），作于1938年，现藏于法国巴黎美术画廊

园中生活

日常生活

园中科学

园中劳作

园中爱情

园中节庆

游戏、体育与种种活动

作为时尚的散步

在园中绘制肖像

于贝尔·罗伯特的花园

莫奈的吉维尼花园

◀《宫殿宴会》(*Party in a Palace
Garden*)局部,约1610年,藏于
比利时哈斯贝克的博物馆

花园可供静思祈祷，可以娱乐庆祝，也可以休憩回忆，花园中上演着种种日常生活不同方面的仪式。

日常生活

花园的用途是由某一特定历史时期的经济、政治和社会因素决定的，也可以是由某个特殊人群专享的。最初，花园中日常生活的图景展示的都是一家人在户外欢乐宴饮的场面。自古以来，园中的宴会不是国王专属的，也是只有贵族阶层才能享受的，这些宴会场景一直都是艺术家们的记录对象。在中世纪的世俗图画和文艺复兴时期的图画中，花园往往为精英阶层独自享有，一群人可以在园中宴饮、漫步、嬉戏、狩猎或者一起进行某项花园中的仪式。在凡尔赛宫阔大的剧场中，上演着宫廷仪式和宫廷礼仪，整个闲散的世界都在围绕着国王一人转动。在凡尔赛宫的剧场里，这一传统获得了最高的表现形式。但与此同时，除了户外生活和公共生活的再现，在花园里也渐渐出现了另一个更为私密的、和普通人的日常生活相关的维度，艺术作品描绘了普通人在花园中的日常劳作，也在园中举行最简单的庆祝活动。这样一来，不同的艺术家都有了各自别出心裁的描绘园中日常生活这一主题的方式。荷兰对这一传统贡献甚巨。荷兰是加尔文主义国家的典范，它以其清洁的生活方式和廉洁的道德品质为傲。在王室与贵族不存在的年代，充满乐观精神的中产阶层便把对家庭生活的热爱和日常的琐碎的活动当成了生活的重心。

▼《亚述王亚述巴尼拔和王后一同宴饮》（*Ashurbanipal and His Queen Enjoying a Banquet*），尼尼微浮雕，作于约公元前645年，现藏于英国伦敦的大英博物馆

从假山上流泻而下的水为园中的喷泉提供了水源。这让人想起希腊神话中珀伽索斯用蹄击打赫利孔山后，从山上流出的一泓泉水。

画中描绘的山很有可能象征着帕那索斯山，这是神话中阿波罗和缪斯的住地。上方出现的带翅膀的马珀伽索斯令人产生有关缪斯和赫利孔山上的泉水的联想。山的出现带来了超凡入圣的效果，园中居民仿佛生活在音乐的世界和诸神的文化中。

在园中聚餐的传统源远流长，可以追溯到远古时期。画中贵族们的盛宴已接近末尾，乐手和表演杂技的人在一旁助兴。日常生活的图景让花园生机勃勃，反映了当时为了享受生活空间而将其加以改造，以适应社会风俗的社会风貌。

▲ 塞巴斯蒂安·弗兰克斯，《园中午餐会》（*Luncheon in the Garden*），作于约1600年，现藏于匈牙利布达佩斯美术博物馆

在这仿佛静止的一幕中，彼得·德·霍赫（Pieter de Hooch）描绘了荷兰日常生活中的场景，氛围安适静谧。

在荷兰花园中，随处可见对花卉的热爱和欣赏，这盆精心养护的康乃馨便是明证。背景中的树木暗示墙的另一侧还有更大的花园。

花园有两套隔断结构，给人一种封闭式花园的感觉。花园布局简单、有序，在本质上和严格的加尔文精神相符，与巴洛克式的奢华花园舞台相去甚远。

▲彼得·德·霍赫，《一位女士和她的女仆》（*A Lady and Her Maidservant*），作于约1660年，现藏于俄罗斯圣彼得堡的国家艾尔米塔什博物馆

亭子顶端有两个小天使造像，手中分别握着画笔和钢笔，象征着绘画和诗歌。中间的雕塑脚踩着一个球体并保持着平衡，象征着命运。

园中的一些元素有着强烈的巴洛克特征，比如花坛、雕塑和亭子。但它们规模较小，无法制造大型建筑的富丽堂皇的效果。园中的物件虽然都暗示着主人较高的社会地位，但其规模只有真人大小。

▲科内利斯·特罗斯特（Cornelis Troost），《阿姆斯特丹花园》（*Amsterdam Garden*），作于约1743年，现藏于荷兰阿姆斯特丹的荷兰国家博物馆

艺术家描绘了某个静谧的夏日里阿姆斯特丹一座典型的上层住宅中带围墙的城市花园的样貌。父亲正为小女儿递上刚刚采摘的花朵，前景中一位女仆正在清洗卷心菜。

这座按洛可可风格装饰的花园的中心有着丰富的声音和色彩。装饰效果甚为精巧，空间静谧可人。

18 世纪期间，家庭渐渐独立于外在的社会性的世界，为私人生活留出时间。

尼古拉·朗克雷描绘了一个即将在花园中举行咖啡礼的典型资产阶级家庭。洛可可花园更为亲密的氛围，似乎和新兴的对保护区（reserve）般的地带的需求有关。这种需求很可能来自新的家庭理念，而这类理念最终促成了更为私密的现代家庭。

▲尼古拉·朗克雷，《一位女士在园中和儿童一起享用咖啡》（*A Lady in a Garden Taking Coffee with Some Children*），作于约 1742 年，现藏于英国国家美术馆

这片乡间田园的一部分被爬满
葡萄藤的格架遮挡住了。 藤架
在炎热的夏日里撑起一片阴凉。

在藤架和温暖的阳光下,
一群女士坐在一起, 气
氛温婉柔和。 午后的骄
阳让一切仿佛都处在静
止之中。

在这光影错落的地带,
人物的举手投足和静
默的眼神里交织着亲
密、 动人的情致。

▲希尔维韦斯特罗·莱加 (Silvestro Lega),
《藤架》(*The Pergola*), 作于1868年, 现藏于
意大利米兰的布雷拉画廊

中世纪的修道院花园里种植着药用植物，但那时药用植物还没有科学分类。

园中科学

药用植物的种植，是当时"特征学说"的重要部分。特征学说认为，一些拥有特定标志、颜色或与人体器官形状类似的植物，对特定的人体器官有疗愈功效。16世纪，随着新科研领域的创生和对自然产物进行分类的热情的重现，植物园（botanical hardens）这一为教学和研究目的的培育、分类本土植物和异域植物的场所便应运而生了。这种研究脱胎于对从动植物中提取出的物质，即单质的研究，盖伦派医学（Galenic medicine）也从此类物质中找到了治疗机理。欧洲植物学家对新物种的研究和分类与迪奥斯科里德斯（Dioscorides）、泰奥弗拉斯托斯（Theophrastus）和普林尼等伟大的自然主义者的重新发现不谋而合。"科学园"最初和观赏园林一并出现，为欧洲一些最为重要的大学带来了新的教学法。帕多瓦大学和比萨大学早在1545年便引入了这一教学法，莱顿大学于1587年引入，海德堡大学和蒙彼利埃大学于1593年引入，牛津大学从1621年开始尝试，巴黎大学也从1626年开始实践。植物园有着严谨的布局，通常分为四个区域，指向四个罗盘方位；有时园子中央有一口井，这是中世纪修道院花园的遗留物，但在照料花木时也有实用意义。此外，花园的几何形制也可以为系统的植物分类提供便利。与此同时，在炼金术传统在自然科学中依旧举足轻重的时代，这种严谨的布局也满足了当时颇为重要的占星学的需求。

▼《在植物园中挑选药用植物》（*Selection of Medical Plants in in Herbarium*），作于15世纪，现藏于英国伦敦大英图书馆

帕多瓦植物园是欧洲最早的植物园，它的建设可以追溯到1545年。花园布局呈圆形，分成四个花坛。

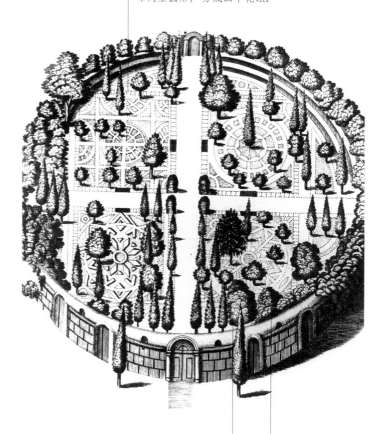

▲《帕多瓦植物园设计方案》（*Plan of the botanical garden of Padua*），选自贾科莫·托马西尼（Giacomo Tommasini）的《帕多瓦的体育运动》（*Gymnasium Patavinum*，乌迪内，1654年）

和中世纪花园相比，文艺复兴时期的植物园更像"科技园"，是一个为教学与研究进行植物的栽培与分类的地方。

花园分为四部分的格局与中世纪的修道院花园相类。园中栽种的大多是药用植物，植物的分类并不是根据科学原则进行的，而是依照"特征学说"。比如，因为地钱（liverworts）的叶片外观形似人的肝脏，于是人们便认为地钱有治愈肝病的功效，于是和其他有治愈肝病之效的植物分为一类。

中世纪末期，对花园中劳动场面的再现开始频频出现，尤其多见于日历不同月份的插图和时祷书的插图中。

园中劳作

在中世纪对三月的描绘中，劳动者在园中劳作，为春天做好准备。他们修剪葡萄藤，并把藤蔓缠在藤架上，还要进行其他植物的修剪和嫁接。约1300年由皮耶特罗·德·克雷森兹（Pietro de'Crescenzi）所著的《农业经济学与园艺技术手册》（*Liber Ruralium Commodorum*）一书的众多插图注释版，为园中的劳作提供了大量的图像记录。该书风靡欧洲，大获成功，很长一段时间里都是园艺方面的唯一参考书。有一种花园由于维护工作繁复费力，所以要求格外地高，那便是巴洛克花园。树林外围必须栽种密集的绿色植物并精心修剪，以免植物进入街衢和开放地带。在巴洛克园林的绘画作品中，经常能看到园丁们在一边辛勤工作，绅士淑女们在一旁走过，这在当时一定是司空见惯的事情了。其他一些对园中劳作场景的描绘还有着象征意义，有时与特定的志趣和道德倾向的培养有关。这一传统极有可能来自古典作家，尤其是维吉尔。在维吉尔眼中，只有农耕生活的价值观念能让人度过平静安适、道德正直的一生。

▼《三月：修复藤架》（*March: Repairing the Arbor*），选自《时祷书》（*Livre d'heures à l'usage de Rome*），作于约1515年，现藏于法国鲁昂市图书馆

灯芯草交错编织而成的篱笆在中世纪很常见。

约1400年，克里斯蒂娜·德·皮桑撰写了《妇女城》(*The Book of the City of Ladies*)一书。在这部乌托邦式的著作中，正直、理性和正义三位女神让作者建立起了一座由杰出女性组成的牢不可破的城市。

尽管我们知道女性有时承担了最繁重的工作，而且薪水按日计算，但女性劳动的场景在作品中却比较少见。

在这幅插图中，理性女神正劝导克里斯蒂娜·德·皮桑前去富有丰饶的字母田(Field of Letters)，那是妇女城要建立的地方："带上你智慧的铁铲，向深处挖掘吧！"当克里斯蒂娜·德·皮桑用铲子在园中铲土时，围墙花园成了她的任务的象征。

▲为约克女公爵玛格丽特(Margaret of York)画像的画师、《清理字母田》(*Cleaning the Field of Letters*)、克里斯蒂娜·德·皮桑所著《妇女城》(约1475年)微型插图，现藏于大英图书馆

这幅作品描绘了冬日里荷兰花园中的劳作。它也是一份宝贵的文献资料，记载了典型北方花园的结构，以及其所需的不同种类的维护措施。

爬藤植物经过塑形盘绕在藤架上，在人们头顶形成一片由女像柱撑起的绿色拱廊。

冬季搬进室内越冬的那些不是很耐寒的植物，也挪到室外用来装饰花园了。花园里有精心设置的篱笆，防止牲畜进入。

前景中的男人正在挖掘花床，几位妇女正在栽种马上要盛放的球茎植物。

▲老彼得·勃鲁盖尔（Pieter Brueghelthe Elder），《春》（*Spring*），作于1570年前，现藏于罗马尼亚布加勒斯特国家艺术博物馆

妇人脸上忧郁的表情是她凄苦命运的写照。绍讷公爵夫人（Duchess of Chaulnes）14岁便成婚了，但两人还没享受床笫之欢便被丈夫抛弃。从那时起，她习惯性地穿白色的衣服，象征着她坚守了一生的纯洁。

精心修剪的植物构筑起的高墙中出现一个缺口，可能是进入迷宫或者树丛的入口。

画中的公爵夫人乔装成乡下女仆的模样。这种风尚自王后玛丽·安托瓦内特始，就在法国贵族女性中十分常见。

正沿着花园小径清理地面的玛丽，很可能是在法国奥尔良公爵（duc d'Orléans）在巴黎的官邸举行的社交活动上刻意摆出这种姿势的。主人卡蒙泰勒经常在那里为客人画像，取悦宾客。

▲路易·德·卡蒙泰勒，《在小径上扮成园丁的绍讷公爵夫人》（*Duchess of Chaulnes as a Gardener in an Allée*），作于1771年，纸上水彩画和水粉画，现藏于美国洛杉矶的保罗·盖蒂博物馆

巴洛克花园中的空间是极为规整的。绿篱和树木都需要勤加修剪以控制生长。

前景中有两位工人正在打理人造水塘的芦苇，另一个人则在照料种在花盆里的柑橘树。

在玛黑丛林间这片人工池塘的正中有一座小岛。最得路易十四宠幸的蒙特斯庞夫人（Madame de Montespan）在岛上安置了一棵橡树，树上有人造的鸟。从鸟喙中喷出的水柱象征着构成世界的四种元素，即土、气、火和水。

这群贵族看到园丁们在园中辛勤劳作，似乎没有不安。在巴洛克花园里，勤勉、持续的维护是一项必要的工作。

▲法国画派艺术家，《凡尔赛花园中的玛黑丛林》（*The Marais Grove in the Garden of Versailles*），现藏于凡尔赛宫与特里亚农宫博物馆

几个世纪以来，花园已经摆脱了中世纪时期的象征意义，拥有了更为实用的目的：种植蔬菜和果木。

植物是用手持水壶进行灌溉的。这种水壶喷出的水如雨滴般轻柔。这幅作品中运用的诸多不同色彩凸显了园丁们务实、高效的劳作。

较为娇弱的植物有时要用玻璃钟罩保护起来，可以御寒、挡风，防止阳光灼伤。

▲古斯塔夫·卡耶博特（Gustave Caillebotte），《园丁》（*The Gardeners*），作于1875—1890年，现为私人藏品

爱情被视作至乐。为了歌颂爱情，仍处在《圣经》文化制约下的中世纪作家引用了《创世记》和《雅歌》。

园中爱情

　　爱之园的源头可以直接追溯到《圣经》文化中封闭园林，是欢乐与诱惑之地，是人与自然和谐共存的地方。中世纪的宫廷传统认为，伊甸园象征着世界的春天，万物复苏，重获新生。春天带来的是希望，因此便和人间天堂的概念密不可分了。庆祝春天的传统可以追溯到《雅歌》时期，在中世纪成为常见的文学元素，在《玫瑰传奇》中臻于极致。在描绘爱之园的绘画作品中，眷侣们或一同散步，或席地而坐，衬托着他们的背景穷形尽相地还原了花园中的真实样貌。伊甸园和爱之园的根本区别在于，在爱之园里，情人们可以随意享用园中的果实，不会触犯任何以死亡为惩罚的禁令。在爱之园里，我们不再能遇到服从与不服从这一主题。情人们可以纵享彼此的陪伴和饮食的欢愉，这些都为求爱提供了氛围。有时音乐家也会到场为情人们助兴，而情人们有时也会欣然一同演奏索尔特里琴或者六弦提琴。花园中通常有喷泉，象征着青春之泉。

▼让-安东尼·华托，《爱的愉悦》（*The Pleasures of Love*），作于约1719年，现藏于德国德累斯顿的古代大师画廊

这一场景出现在典型的中世纪花园中。花园外围环绕着木栅栏，一座喷泉为园子带来了生机。

第六条训诫"毋行淫邪"的图示出现在爱之园中。在心怀鬼胎的邪灵的注视之下，情人们在园中尽情享受着欢爱的愉悦。

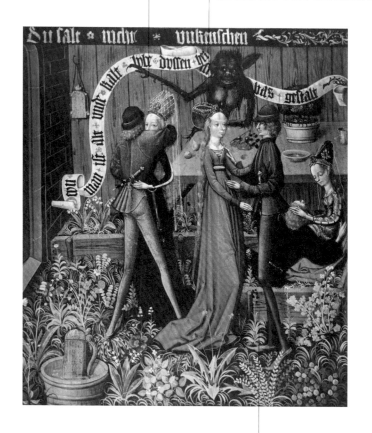

在北方国家里，花园长椅是用木头制成的，而非砖石。长椅外部的框架结构里塞满了土壤，表面还种满了绿草和花卉的种子。

▲但泽画师（Danzig Master），《毋行淫邪，第六诫》
（*Thou Shall Not Commit Adultery, Sixth Commandment*），
作于1490年，现藏于华沙国家博物馆

在欢乐之园中，一位情人发现青年们参与的都是典型的爱之园里的娱乐活动：奏乐、跳舞、畅谈、编花环，也有的只是在散步。

一道典型的带着菱形编织图案的木栅栏将花园分成两个区域。

《玫瑰传奇》的主人公们正在进入的花园，有着中世纪花园的一切典型特征：花园外部无法穿越的高墙、一片种满了各类花卉的花园以及一座喷泉。

一位闲散的女士引导着叙事者走进花园。一道壮观的、带雉堞的外墙不由分说地将花园内外的世界分隔开来。

▲布鲁日画师（Bruges Master），《欢乐之园的景象》（*Image of the Garden of Pleasure*），《玫瑰传奇》微型插图，作于约1495年，现藏于英国伦敦的大英博物馆

青春之泉的主题与宫廷爱情、爱之园的主题密切相关。它是对生命之泉的宗教图示进行"宫廷化改编"的产物。

泉水供给着老人崭新的青春，也滋养着爱的可能性。它的物理结构取诸伊甸园中生命之泉的形象，花园的高墙与封闭式花园有类似之处。

在前景当中，老人被带进泉水池，当他们再次出现时，便又青春焕发，充满活力了。

重新焕发青春的老人们丢掉了在泉中洗浴之前穿着的衣服，换上了典雅的装饰着花朵和叶子的服饰，庆祝春天的回归和他们新发现的爱情。这身华服令人回忆起《玫瑰传奇》中爱神所穿的用鲜花制成的衣服。

▲《青春之泉》(*The Fountain of Youth*)，编织物，作于1430—1440年，现藏于法国科尔马的恩特林登博物馆

在《玫瑰传奇》中，纳西索斯殒命的喷泉变成了一座长满奇异型花朵的爱之泉。

百花挂毯上有诸多动物形象，令人联想到人间天堂的景象。它再现了宫廷文学中归爱神所有的欣欣向荣的天堂。在那片天堂中，植物是永恒的主宰。

创作者将纳西索斯的神话引入爱之园，暗指奥维德的《变形记》，创造了古典文学与宫廷爱情园林间的联系。

《玫瑰传奇》的主人公进入爱之园以后，走近了一座喷泉，喷泉上有反映着纳西索斯之死的石刻。喷泉底部有一块具有魔力的水晶，能使人坠入爱河。主人公朝水晶内部望去，看到了一片满是玫瑰花蕾的玫瑰丛，并瞬间爱上了它。

▲法国或弗拉芒派织锦工坊，《纳西索斯》(*Narcissus*)，作于约1480—1520年。现藏于美国波士顿美术博物馆

背景中的建筑结构可能是一座爱之神庙。 在宏伟建筑物的内部是美惠三女神雕塑。 美惠三女神是维纳斯的女仆。

燃烧的火炬象征着爱情之火。

维纳斯身在上方的喷泉中，位于画面的制高点，让人类的灵魂为之迷狂。

彼得·保罗·鲁本斯 （Peter Paul Rubens） 与埃莱娜·富尔芒 （HélèneFourment） 婚后创作了这幅作品， 以表达他的喜悦之情。 事实上， 鲁本斯夫妇也和爱之园中其他的人物形象一起出现在了画作当中。

人物服饰鲜亮的颜色，进一步放大了人物举手投足和肢体接触产生的亲密感官。

▲彼得·保罗·鲁本斯，《爱之园》， 作于约1633年，现藏于西班牙马德里的普拉多博物馆

画面的背景是一座典型的荷兰花园，花园两侧的几何图案精准对称，中央有喷泉。年轻夫妇们在花园背景的映衬下或调情或欣赏音乐。

在荷兰，房屋经常并不位于园林的中心，有时甚至藏在掩映的植物中，营造出幽静亲密的氛围。

丰盛的宴席过后，桌上还摆着剩下的菜肴。

花园外围有一圈覆盖着浓密绿色植物的拱廊，它的最高点是一座原本就存在的由女像柱支撑起来并带两个拱门的绿色植物结构。

▲约斯·范·克莱夫（Joos van Cleve），
《园中的接待》（*Reception in a Garden*），
作于16世纪上半叶，现为私人藏品

对爱之园这一自然与爱的
方式的寓言的再现，是围
绕着喷泉的形象展开的。

在丘比特浸润箭头的
池子里，正有水涌出。
这对年轻情侣饮用了
池水，无可救药地陷
入了爱情。

在一片郁郁葱葱的
园林中间，一对焦
急的年轻男女俯身
探向喷泉池，天使
举起金杯，让他们
从杯中饮水。

▲让-奥诺雷·弗拉戈纳尔，《爱之泉》(*The Fountain of Love*)，
作于约1785年，现藏于美国洛杉矶的保罗·盖蒂博物馆

即使梵高也运用过爱之园这一在当时仍旧受人欢迎的主题。事实上，他将这幅画描述成"描绘一座有年轻情侣的花园的作品"。

梵高自己强调，这座花园代表着爱之园的现代翻版，很可能受到了华托描绘的户外嬉游场景的启发。梵高对那一场景很熟悉。

园中的树木很有可能是有序栽种的。树木的排布整齐有节律，蜿蜒的小径不时穿越树行，它逶迤的形态为花园注入了生气。

▲文森特·梵高（Vincent van Gogh），《阿涅尔的伏尔达根森林公园》（*The Voyer d'Argenson Park at Asnières*），现藏于荷兰阿姆斯特丹梵高博物馆

花园是举行盛大宴会、庆祝活动、骑士比武和公开辩论的理想场所，也是焰火表演、戏剧展演的绝佳舞台。

园中节庆

　　欧洲大庄园主有许多事由可以举办聚会，通常是隆重庆祝政治事件，比如王室添丁或者婚嫁，外国要人来访或者重要政治盟约的达成。通过剧场舞台设施的使用，花园空间也可以满足一系列不同目的。比如，在露天宴会上，花园可以作为宴饮活动的天然框架，扮演关键角色。在这些接待活动中，比如一次性的临时建筑结构的人工装饰让花园面貌焕然一新。装饰可能会包括大量的花朵、水果和叶子，摆成绿植做成的藤架或凉亭的样子。绿色植物甚至还被用于制作舞台背景，在16世纪以后的意大利宫廷很是流行。在这类花园聚会中，最重要的就是场景的阔大恢宏、堂皇富丽，在巴洛克时期尤其是如此。人们还会采用一些适当的方式来激起观众心中的情感和赞美。在夜间的节庆活动中，最重要的元素便是照明了，整个现场炫目动人的视觉效果全仰仗照明来实现。通过艺术性地使用灯光和焰火，远处某个准瞬间的景观或者近处的建筑物都可以吸引欢宴中人群的注意力。大型聚会是利用宗教控制人民的一种方式，是必要的国家财富与威严的展示，也是确立威信的绝佳方式。

▼布鲁塞尔织锦工坊（Brussels tapestry workshop），《凯瑟琳·美第奇宴请波兰大使》（*Catherine Medici Banquet for the Polish Ambassadors*），挂毯，作于1582—1585年，现藏于意大利佛罗伦萨乌菲齐美术馆

这幅画是一个谜。有人认为画中描绘的是菲利普三世（Philip the Good）、勃艮第公爵（Duke of Burgundy）和朝臣们在埃丹堡著名的公园里设宴的场景。1553年，埃丹堡被查理五世的军队摧毁。

埃丹堡花园是勃艮第公爵的最爱，是北欧花园的重要样本。它从伊斯兰花园那里得到灵感，因其喷泉、机械和水景著称，多种鸟类在花园森林中生息繁衍。花园的结构与日后英格兰的风景园林有诸多相似之处。

穿着典雅的贵族们三三两两地聚在一起，进行着典型的宫廷活动：狩猎、唱歌、跳舞、漫步、进餐。

有人认为，从前景中女性手持的、象征着婚姻的忠诚的红色康乃馨来看，这幅画描绘的是婚礼现场的场景，很可能是菲利普三世的侍从安德烈·德·杜勒农（André de Toulegnon）与公爵夫人的女侍雅克琳·德·特雷莫勒（Jacqueline de Trémoille）于1431年举行的婚礼。

▲法国画派艺术家，《菲利普三世宫廷在埃丹堡公园举行的乡间露天游乐会》（*Country Fête at the Court of Philip the Good in the Park at Hesdin*），作于约1550年，现藏于法国凡尔赛宫与特里亚农宫博物馆

公园被一片长势过于繁茂的乔木和灌木包围着。在作品完成的年代，已经完全不复最初的几何形状了。这片植被让景物浑然一体，自然元素、建筑结构和从喷泉中喷涌而出的水之间也因而有了紧密的联系。

18世纪末，一些巴黎的皇家花园已经对公众开放了。

人们围在舞台和为了节庆活动被请到花园中的杂技演员、变戏法艺人和小丑的帏帐周围。

▲让-奥诺雷·弗拉戈纳尔，《圣-克劳德的节日》
(*Festivities at Saint-Cloud*)，作于1775年，
现藏于法国巴黎的法兰西银行

阿尔诺河岛上的庄园有一个更为人熟知的名字：卡西纳公园（Parco delle Casine），因为庄园中有农场，而casina一词恰恰是"乳牛场"的意思。庄园首先是一片荒野中的农业用地，园中唯一的建筑是狩猎者的小木屋。它是朱塞佩·马内蒂（Giuseppe Manetti）在利奥波德大公（Grand Duke Leopold）的命令下于1786年建造的，归利奥波德大公家族使用。按照爱丽莎女大公（Grand Duchess Elisa）的意愿，庄园于19世纪下半叶成为公园。

▲朱塞佩·马里亚·泰雷尼（Giuseppe Maria Terreni），《卡西纳庄园里纪念费尔迪三世登基的庆祝活动：大橡树草场中的游戏》（*Celebration in the Cascine in Honor of Ferdinand III: Games in the Meadow of the Great Oak*），作于18世纪末，现藏于意大利佛罗伦萨的地质历史博物馆

大庆典于1791年7月3日至5日举行，以庆祝洛林的费迪南德三世（Ferdinand III of Lorraine）登基。

园中为每种游戏娱乐活动都划分了
专门的场地。在狩猎者木屋公园
（Park of the Lodge）中，建起了一
座形似船只的秋千，也给杂技艺
人和演员搭建了舞台。庄园四周
点缀着许多东方风格的亭台。

人们还建造了一座形似维苏威
火山的机器。白天，机器突
出烟雾，就像火山即将爆发
一样。夜晚，焰火从火山口
喷射而出，照得黑夜如昼。

▲亚历山德罗·马尼亚斯科 （Alessandro Magnasco），《阿尔巴罗一座花园中的迎接仪式》（*Reception in a Garden in Albaro*），作于约 1720年，现藏于意大利热那亚的白宫

花园与园中人物的形象描绘出了业已处于衰落之中的贵族世界。

在小湖面上泛舟的人，令人想起华托笔下去西苔岛朝圣的人物形象。

栽植物在框架的撑下生长。

贵族女性穿着簇新挺阔的丝绸裙子，兴致盎然地交谈散步，牧师和意兴阑珊的绅士们要么打牌，要么在座椅上后仰，形容疲惫。

花园聚会也会在气氛相对拘束的贵族阶层举行。在贵族阶层中，在不同的乡间宅邸举行露天庆祝活动是一种习惯。

263

花园一度是为贵族消遣休憩设计的，18世纪晚期以后，花园成了平民百姓的娱乐场所。

游戏、体育与种种活动

花园不仅是举办聚会和浪漫邂逅的迷人地点，更是体育运动的指定场所。比如，自古以来，狩猎就是深受贵族喜爱的消遣活动。狩猎几乎都是在人造的"野外"进行，"野外"即那些能让环境显得更加荒芜，并能作为围猎场繁育区的树丛。在对狩猎的痴迷的驱使下，在公园里修建乡间宅第成了司空见惯的做法。后来，这些公园里涌现出了一大批郊野和乡间花园。在工业革命以前，体育运动是独属于贵族阶层的活动。到了工业革命时代，工人开始有了业余时间，也有了参与体育活动的欲望。体育运动和休闲活动的勃兴，是与欧洲大城市公园的诞生和成长同步的，巴黎是最为突出的代表。人们可以在公园中进行多种休闲娱乐活动，从音乐会、舞会，到骑车远行，凡此种种，不一而足，尽享逃离日常困境的无忧无虑的时光。印象派画家的杰作见证了这些新风尚。19世纪的许多城市设计师都相信，在大自然中休闲娱乐会让人获得更多的社会掌控力，防止不满情绪引发革命。

► 雅克·德·赛洛雷（Jacque de Celloles），《射箭比赛》（*Archery Contest*），作于约1480年，现藏于法国国家图书馆

男孩拉低帽子遮住眼睛，
防止自己看见。

花园外侧有爬满玫瑰花的藤架，
花架外侧能隐约看见一个貌似
花园出口的东西。

贵族们最爱的游戏便是捉迷藏。
捉迷藏有着象征意义，比如，
它象征着对爱的危险的警示。

▲《捉迷藏》(*The Game of Blindman's Buff*)，
一部皮埃尔·萨拉（Pierre Sala）的法国爱情诗集
中的插图，作于16世纪早期，现藏于英国伦敦的
大英博物馆

网球场四周高高的栅栏让这片区域
看起来好似一座密闭的花园，球场
也好比现代的爱之园。

这场网球赛是资产
阶级在公园中进行
娱乐活动的图景，
画面有一种印象主
义特有的、自然天
成的表现力。

▲约翰·拉维利爵士（Sir John Lavery），《网球聚会》
（*The Tennis Party*），作于1885年，现藏于苏格兰阿伯丁
艺术画廊及博物馆

打网球的夫妇们面对面地竞赛，就好像球赛也是爱的游戏的象征一样。

网球发明于19世纪的英格兰，有人认为它脱胎于古代法国的网球运动。

这是一座经典的、形制规整的荷兰花园，园中有雕塑、花坛和形状复杂的喷泉，种种元素都在一座想象中的宫殿前铺陈开来。

体育运动通常在户外进行。在这里，运动员们用的是一片通常用来散步的狭长场地。

一对情侣坐在树下，一边摆着打球的人们换下的衣物，这一场景可能是对爱之园的象征。两人身边还摆着一把琉特琴，这是情侣们常见的特征。

法国网球，也叫手球，是网球运动的直接前身。这项运动需要在狭长的球场上来回击打一只木质或皮质的球。打球的人需要戴皮手套，以缓释击球的冲击力。

▲阿德里安·范·德·范尼（Adriaen van de Venne），《在乡间宫殿前的网球赛》（*A Jeu de Paume before a Country Palace*），作于1614年，现藏于美国洛杉矶的保罗·盖蒂博物馆

台基上的小天使仿佛兴致盎然
地看着眼前的景象。他的姿势
将我们带入寂静的世界，凸显
出了情事的私密性。

女子从高处俯视
着她的情人，卖
弄风情地甩掉了
一只拖鞋，这样
她的秘密情人就
能为她捡起这只
拖鞋了。

洛可可花园中的
空间更加幽邃，
装饰元素更为纤
细精巧，也更为
浮夸。

这幅画描绘了一段以花园为背景的典型三角恋关系。
情人藏身于花丛中，悄悄看着他的情人荡秋千，而
推着她在秋千上荡来荡去的是她的丈夫。

▲让-奥诺雷·弗拉戈纳尔，《秋千》(*The Swing*)，
作于1767年，现藏于英国伦敦的华莱士典藏馆

在拿破仑三世统治时期，在杜伊勒里宫每周举行两次音乐会。杜伊勒里宫在追赶时髦的巴黎人中颇受欢迎。

在杜伊勒里宫，很容易遇到巴黎社会中最知名的人物。在画中，我们辨认出了画家本人和他的多位朋友、熟人的肖像。

乐队一直在奏乐，一群人聚在一起听着，画家为我们忠实地描绘了现代城市生活的一个片段。

▲爱德华·马奈（Édouard Manet），《杜伊勒里宫花园中的音乐》（*Music in the Tuileries Gardens*），作于1860年，现藏于英国伦敦国家美术馆

19世纪期间，将绿色空间引入城市的创举，与城市结构调整有关。工业革命以后，大量人口涌入城市，城市的重构势在必行。

拿破仑三世意识到，在巴黎市中心建起一片绿洲，带来的不仅是一个娱乐场所，更是一些特定政治理念的具体化。在一定意义上讲，公园被视作一个操控大众的工具，因为它合法地创造了一种逃离紧张城市生活的方式，因此也就可以弱化革命欲望了。

布洛涅森林里有一座植物园与无数的亭台和木屋。这座巨大公园的正中是普雷卡特朗宅邸（LePré Catelan），这是一片开阔地带，有各式凉亭可供娱乐、展览之用。

▲让·贝劳德（Jean Béraud），《布洛涅森林中的自行车小屋》（*The Bicycle Chalet in the Bois de Boulogne*），作于约1900年，现藏于法国巴黎卡纳瓦雷博物馆

在公园中漫步，或者乘四轮马车驶过后来发展成为林荫大道（boulevard）的两侧种满树木的大街，这些风尚一直延续到20世纪早期，在法国尤其受人喜爱。

作为时尚的漫步

散步作为一种休闲娱乐方式，最早诞生于18世纪的上层社会，当时的日常习惯受制于时代风气所决定的规则和习惯。这样一来，散步也变成了一种展示自我和自己时尚风格的方式，人们在散步中观摩他人，自己也成了被观摩的对象。在巴黎，城市漫步的习惯是由玛丽·德·美第奇（Marie de'Medici）在17世纪早期引入法国的。后来，散步变成了如幕间表演一样的纯粹的社会活动，不同社会阶层的人士都能在林荫大道上或者公园里交流。那时的报纸描述了一些上层社会代表人士的古怪举止，比如趾高气扬地走在林荫大道上并摆出种种姿势。一些人向往更为平静的快乐，他们会去巴黎的一些新近翻修的历史更悠久的公园，比如杜伊勒里宫，卢森堡花园（the Luxembourg Gardens）或皇家宫殿。散步的热潮甚至传到了伦敦，对圣詹姆士公园的影响尤为明显。圣詹姆士公园原本是上层社会人士非正式会面的场所，颇受欢迎，曾经必须付费才能进入。到了18世纪末，在园中散步已经是一种更加开放的活动，不再是特定阶层的特权，人们可以借此机会展示最古怪、最奢华的时尚潮流。法语中表示散步的词

▼意大利风景画家卡纳莱托（Canaletto），《伦敦沃克斯豪尔花园中的大道》（*View of the Grand Walk in Vauxhall Gradens in London*），作于约1751年，现为私人藏品

promenade用到的频率也越来越高。必须付费才能进入的英格兰"观赏园林"，提供了一种利用城市绿地的新方式，人们可以欣赏音乐、跳舞、观看戏剧表演，哪怕只是在清凉的绿荫道上散步都令人心旷神怡。英式园林的模式很快传往海外，风靡欧洲。

在画面中，法国上层社会与贵族在栗子树下漫步。栗子树的枝干经过修剪，呈拱门状。

在两条花园小径交叉处散步的密集人群，和树木轻盈通透的枝叶形成了对照。人群阻挡了观者的视线，一条小径看上去好像在远处消失了一般。

这幅作品既讽刺了那些借散步机会炫耀华美服饰的人，也嘲弄了这些时尚的列队散步活动。

人群中有一些衣着华美的男子，他们无精打采地倒在椅子上，饶有兴致地看着来往的人，有的对风流的女士们飞吻。

前景中的人群像舞台上的演员一般在观察者的眼前走过。

▲路易-菲利贝尔·德比古（Louis-Philibert Debucourt），
《公共步行道》（A Public Promendade），作于1792年，
现藏于美国明尼阿波利斯艺术与设计学院

树林的外围有绿篱和绿植构筑的高墙围绕，宽大的视觉中轴线却干干净净，没有植物入侵。花园的设计初衷，就是在树林与视觉中轴之间创造一种精妙的平衡。林地与中轴必须分开，两者间的关系并不是主宰与服从的关系（树林是在人力的影响下才形成几何形状的），而是一种"辩证的对照"关系，其最终产物是一座在大片的树林与视觉中轴的空旷空间的对照之下欣欣向荣的花园。

▲埃蒂安·阿尔戈让，《凡尔赛的花园中路易十四的步道》，作于约1680年，现藏于凡尔赛宫与特里亚农宫博物馆

两种不同的、交替出现的规划规模决定了凡尔赛宫花园
的形制，凡尔赛宫也正是它们的产物。一方面，花园为
散步和皇家庆典预留了充足的空间；另一方面，树丛也
营造了更为私密的维度，可以在林间宴客会友。

在当时，凡尔赛宫廷可
能是最著名的一座"窗
口"，人们可以在此自我
展示，穿着华丽的时装，
以期引起国王的注意。

路易十四自己选择每天散步的
路线。每日的散步着实是一项
庆祝活动，国王可以借此机会
处理很多事务，包括个人私事。

女孩风流轻佻地伸出手，
这样年轻男子就能防止她在
崎岖艰险的小径上摔倒了。

▲皮埃尔-奥古斯特·雷诺阿
（Pierre-Auguste Renoir），
《散步》（*La Promenade*），
作于1879年，现藏于美国
洛杉矶的保罗·盖蒂博物馆

雷诺阿从华托和弗拉戈纳尔作品中
描绘的能带来感官愉悦的花园散步
场景中得到灵感，并在画中呈现
了巴黎中产阶层的图景，捕捉到
了花园中两位年轻人生命中的一个
稍纵即逝的瞬间。

阳光穿透蓊郁的绿
植，在如梦似幻的
折射效果下洒遍了
每一个角落。

卢森堡花园系玛丽·德·美第奇下令修建，后经勒·诺特重新设计，并于19世纪经历了进一步重建。当时，乔治-尤金·豪斯曼的城市规划要求必须为林荫大道留出空间。

约翰·辛格·萨金特（John Singer Sargent）的画作描绘了一对夕阳西下时漫步的巴黎资产阶级夫妇。他们在静谧的花园中散步，远离喧嚣的林荫大道。

▲约翰·辛格·萨金特，《黄昏时分的卢森堡花园》
（*The Luxembourg Gardens at Twilight*），作于
1879年，现藏于美国明尼阿波利斯艺术与设计学院

自17世纪以后，在花园中绘制的肖像在弗拉芒画派中层出不穷，但这一传统流传最广泛的地区却是英格兰。

在园中绘制肖像

从17世纪开始，花园就成了肖像画常见的背景，但花园不只是充当背景这样简单。花园是肖像画意欲传递的信息的一部分。花园的形象既可以从文献记载的角度解读，即把画中的花园当作某一时期特定花园类型的描绘；也可以从象征意义的角度解读，即认为花园象征着所画之人的人格特征。花园中的元素通常反应者画中人的美好品德，而花园自身作为一个整体，也能凸显画中人的社会文化地位、家庭出身或者其一生中某个关键的瞬间，同时也展示了画面主人公奢华的房产。有时候，一株植物也能象征画中人对某种特定异域植物的热忱，或者单纯表明人对植物的兴趣。背景中的花园也能展现画中人物与自然相处共生的姿态。例如，一些学者认为，在意大利文艺复兴时期肖像画背景中出现的开阔的景物和远山，可能暗示当时的人们认为这些景象有助人超凡入圣的作用。

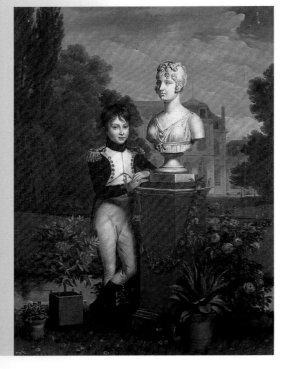

◀彼得·保罗·鲁本斯，《艺术家与妻子埃莱娜·富尔芒在花园中》(*The Artist with his Wife Hélène Fourment in the Garden*)，作于约1631年，现藏于德国慕尼黑的老绘画陈列馆

278

别墅前有一座意大利花园，园中有形状规则的花床，中心有喷泉。

园中还有另一片"绿色环境"，四周围绕着树篱，中间有种满郁金香的花床。郁金香是一种价值不菲的花卉，在17世纪的荷兰颇为紧俏。

鲁本斯的画作描绘了他与夫人埃莱娜·富尔芒及儿子在一起的场景。他们所处的花园反映着鲁本斯较高的社会地位。

花园中也有一些盆栽植物，比如柑橘树和用框架支撑起来的花卉。柑橘树在较冷的月份要移入室内越冬。我们也能看到异域动物，比如从美洲引进的火鸡。

▲彼得·保罗·鲁本斯，《艺术家与妻子埃莱娜·富尔芒在花园中》（*The Artist with his Wife Hélène Fourment in the Garden*），作于约1631年，现藏于德国慕尼黑的老绘画陈列馆

这幅肖像画是为了庆祝画中的贵族进入了新的宗教人生。

男人身后的书籍、纸张、小提琴和窗框上家人模样的装饰物代表着他先前的生活。现在，他面对着的是眼前的一片带围墙的花园。

封闭式花园的形象代表着教会，与远处古典建筑废墟所代表的无信仰的俗世形成对比。

球体上一片火焰当中的心形图案和上方的箴言表示，人心无法在单纯的俗世生活中得到满足，便会燃起对精神生活和上帝的爱的火焰。

▲英国画派艺术家，《兰利的威廉·斯泰尔》（*William Style of Langley*），作于1636年，现藏于英国伦敦泰特现代美术馆

园林是一片由人们勤恳地从海上收复回来的珍贵地带。在园中，荷兰人民喜爱的花卉可以自由生长，比如这片玫瑰丛。

房屋进门处有一片小藤架，一株几乎没有叶子的植物主干攀缘其上，寻求支持。

画像里的一家人位于园中，花园里有着典型的荷兰花园元素。

花园干净的步道和家人简约的服饰，反映了氛围温和、道德正直的社会风尚。这个社会也是开放包容的，会用恬淡舒适的日常生活奖励商业上的冒险行为。

▲彼得·德·霍赫，《一个荷兰家庭》（*A Dutch Family*），作于约1662年，现藏于奥地利维也纳美术学院

在密林背景的映衬下，女子形象十分显眼。树木后面是女伯爵的领土，绵延不尽，直达天际，让我们有机会领略她财富数量之大。

切斯特菲尔德女伯爵安妮·西斯尔斯威特（Anne Thistlethwaite）在画像中呈坐姿，倚靠在台阶边的石头围栏上。台阶一路向下，直通背景中的花园。

▲托马斯·庚斯博罗，《切斯特菲尔德女伯爵安妮的画像》（*Portrait of Anne, Countess of Chesterfield*），作于1777—1778年，现藏于美国洛杉矶的保罗·盖蒂博物馆

一只古代的花瓶里长出了一株未经人工修剪的玫瑰。这只花瓶是花园的装饰物。

这幅画脱胎于古代的一种有情节的人物画像，即穿着非正式服装的人物群像，背景中是花园或自然风光。这一题材发轫于洛可可艺术早期的荷兰和法国，后来风靡欧洲。

艺术家描绘的是园林这一非正式背景下的王室家族成员，着重展现他们单纯的肢体动作和自然仪态，表现他们与宫廷中正襟危坐形象相去甚远的一面。

▲安杰丽卡·考夫曼（Angelica Kauffmann），《那不勒斯的王室家族肖像示范》（*Model for the Portrait of the Royal Family of Naples*），作于1783年，现藏于列支敦士登瓦杜兹，为列支敦士登王子藏品

18世纪末，花园变成了怀旧感伤之地。

这幅画于1799年在巴黎沙龙展出，当时，批评家认为，这幅作品中"萨布雷画的是一位正在欣赏自己女儿半身像的母亲"。

▲ 雅克·亨利·萨布雷（Jacques Henri Sablet），《克里斯汀·博耶的画像》（*Portrait of Christine Boyer*），作于约1798年，现藏于法国阿雅克肖的费希博物馆

克里斯汀·博耶（Christine Boyer）是吕西安·波拿巴（Lucien Bonaparte）的第一任妻子，她正站在小女儿维多利亚·格特鲁德（Victoire Gertrude，死于1797年）的墓碑旁。碑上刻着"我会再次见到她"。

石碑四周摆放着一圈盆栽花卉，这便把这一区域定义成思念故人、反躬自省的区域，仿佛这片空间神圣不容侵犯一般。

画中的吕西安的身影被树荫遮住了一部分，古木投下的树荫让周围景物昏昏惨惨，几乎无法详辨。根据画中的情况，一些人推测认为，当这幅作品创作完成时，吕西安的妻子克里斯汀已经逝世（她去世于1801年）。这两幅画像创作的缘起，可能是要提醒我们人类终将死亡的命运。

吕西安·波拿巴坐在参天巨木的树荫下，神情黯然。

画家忠实地重现了克里斯汀·博耶站在已逝女儿半身像边的画像，并将其置于花园的背景中，制造了"画中画"的奇异效果，同时也激起了回忆的思绪。

▲ 雅克·亨利·萨布雷，《吕西安·波拿巴的画像》（*Portrait of Lucien Bonaparte*），作于约1800年，现藏于法国阿雅克肖的费希博物馆

文艺复兴时期，神话元素式微，道德和美学的概念却拥有了具体的形式。当时兴建了一批象征着友谊、爱情和感伤情绪的建筑。

拿破仑与约瑟芬离婚后，将整个马拉迈松给了约瑟芬。约瑟芬死后，马拉迈松由她的儿子继承。然而，1828年，尤金却将马拉迈松卖给了瑞典银行家乔纳斯·哈格曼（Jonas Hagerman）。

画面中的约瑟芬正和王室成员及拿破仑一起在马拉迈松的湖畔。约瑟芬手持玫瑰。玫瑰花是她园中的骄傲，她的花园培育了约二百五十种玫瑰。

▲让·路易·维克多·维杰（Jean Louis Victor Viger），《马拉迈松的玫瑰》（*The Rose of Malmaison*），作于约1866年，现藏于法国吕埃-马拉迈松的马拉迈松城堡国家博物馆

于贝尔·罗伯特是声名显赫的18世纪法国风景画家。当这种如风景画般的园林开始在法国流行的时候，他还进行过园林设计。

于贝尔·罗伯特的花园

1754年至1765年间，于贝尔·罗伯特居住在罗马，在当地研究考古废墟、文艺复兴建筑并参观游览了意大利花园中的杰出代表。当他回到祖国法国时，他被任命为路易十六的私人画师；完成阿波罗浴场的设计后，又被委任为"国王园林设计师"。随后，罗伯特与他人合作设计了玛丽·安托瓦内特王后的小特里亚农宫花园，也参与了戴维南（Thévenin）那宏伟壮丽的杭布叶城堡的建设工作，城堡的建筑形制与西塞罗在阿尔皮诺的宅邸（Amaltheum）类似。罗伯特也曾为私人客户工作过，他的服务对象都是声名显赫的绘画作品收藏家和园林艺术爱好者。尤其值得一提的是建筑师梅雷维尔（Méréville）的公园设计。设计方案将真实的花园与绘画融为一体，效果极为逼真，甚至很难将花园真实的再现、真实花园的装饰设计和想象的幻景区分开来。很显然，埃默农维尔园中也有罗伯特的一份功劳，不过，因为花园主人吉拉尔丹侯爵居功掠美，罗伯特的劳绩便很难确证了。可以确定的是，卢梭墓是按照罗伯特的设计进行建设的。此外，卢梭的骨灰运往先贤祠后，罗伯特又完成了杜伊勒里宫卢梭临时墓穴的绘画工作。罗伯特始终处在英格兰绘画的前沿，他创造了如绘画作品般的花园设计理念，将画布上的风景画举重若轻地搬到了大自然中，变成了"重新安排后的风景"。

相关词条
埃默农维尔园；岩穴；
共济会的花园

▼ 于贝尔·罗伯特，《梅雷维尔城堡中的粗木桥》（*The Rustic Bridge, Château de Méréville*），作于约1785年，现藏于美国明尼阿波利斯美术学院

孝道神庙（Temple of Filial Piety）受蒂沃利的西比尔神庙的启发，得名于雕塑家奥古斯丁·帕如（Augustin Pajou）的同名雕塑。帕如的雕塑呈现的是拉波德侯爵（marquis La Borde）最钟爱的女儿娜塔莉·德·诺阿耶（Nathalie de Noailles）。

于贝尔·罗伯特在1786年至1790年间接替建筑师贝朗杰（Bélanger）的工作，建造了梅雷维尔公园。这片公园于1784年由拉波德侯爵购得，是欧洲最为闻名的风景园林典范。

梅雷维尔公园的粗木桥经常在罗伯特的绘画作品中出现，桥下是一条蜿蜒的园中道路。有人猜测，木桥两端的岩石并非天然如此，而是为了营造绘画般的效果放置于此处的。

罗伯特众多绘画作品中，留下了无数对梅雷维尔公园的描绘，不过，想要将实际的花园设计和幻想中的景观区分开来是很困难的。

▲于贝尔·罗伯特，《梅雷维尔的粗木桥和孝道神庙》，（*The Rustic Bridge and the Temple of Filial Piety at Méréville*），作于约1785年，现为私人藏品

卢梭的衣冠冢有多立斯式的石柱，四周环绕着白杨树，与埃默农维尔园类似。衣冠冢的铭文也来自罗伯特的纪念碑："自然之子、真理之子长眠于此。"

卢梭衣冠冢的形制与库克船长（Captain Cook）衣冠冢的形制颇为相似。库克船长的衣冠冢是罗伯特在梅雷维尔设计的，现在位于热尔城堡（Château Jeurre）。不过，尚无确凿文献证据表明两者同出于罗伯特之手。

衣冠冢是在国民议会的命令下建设的。当时，他们正在等待着将卢梭的遗骨永久转移到先贤祠，于是，这座临时的纪念堂就建在了杜伊勒里宫大盆地（great basin）的中心区域。

▲于贝尔·罗伯特，《杜伊勒里宫花园中的卢梭衣冠冢》（*Rousseau's Cenotaph in the Tuileires Gardens*），作于1794年，现藏于法国巴黎卡纳瓦雷博物馆

克劳德·莫奈（Claude Monet）为满足自己的需求建造了一座花园。花园被视作一幅"浑然天成的画作，在画家的凝视下熠熠生光"（普鲁斯特语）。

莫奈的吉维尼花园

1883年，莫奈移居到吉维尼的宅邸。七年后，他买下了房屋旁边的地块，随后立即着手将其改造成一片花园。1893年，他又买下了铁路线另一侧的一块地，这片地中央有一片长满野生睡莲的小池塘。莫奈决定扩建池塘，清除那里生长的的野生兰花，代之以精心选择的、能开出白色、黄色、紫色和粉色花朵的兰花。后来，他在池塘的一端架起了一座日式小桥，莫奈对日式风格很是熟悉。小桥是视觉轴线的焦点，这条轴线从住宅出发，贯穿了整座花园。每天莫奈都会打理花园，好像花园是位模特，正为画像摆出姿势一般。无数艺术作品描绘了这片花园从春到冬、从早到晚的样貌。莫奈娴熟地用色彩激活了它的每一分画意诗情。睡莲成了莫奈最爱的形象，直到去世，他都在钻研睡莲的绘制，感染眼疾失明后都未曾停止。莫奈似乎将他的花园看成了艺术品，就好像常常观察自然并从中汲取灵感的他也把园林当成了画作，想赋予它生命一样。

▼克劳德·莫奈，《吉维尼花园》（*The Garden at Giverny*），作于1902年，现藏于奥地利美景宫美术馆

在桥的另外一边，在那柔和的柳叶的另一侧，是一棵长满容易在生长早期阶段脱落叶片的树。柳叶用绵长的笔触画出，后者则用不同颜色一起轻轻点缀而成。

池塘上方的桥受日本桥梁的启发，是茂密的树林间唯一一个拥有规整几何形状的物体。

▲ 克劳德·莫奈，《白睡莲》（*White Water Lilies*），作于1899年，现藏于俄罗斯莫斯科普希金博物馆

植物的绿色是花丛中最为突出的颜色，前景中的点点白色和淡紫色是初绽的花朵的色彩。

树木、花朵和灌木丛在无穷无尽的倒影和对光线的巧妙运用中彼此融为一体。随着时间流逝，莫奈画作中的轮廓也日益模糊，最终，莫奈的绘画作品只起到唤起观摩者对色彩的想象的作用。

富于象征意义的花园

神圣树林

天堂花园

基督的花园

马利亚的花园

被侵犯的花园

美德的花园

感官的花园

炼金术花园

寓意画中的花园

静物

哲人的花园

共济会的花园

亡灵的花园

冥思之园

圆形花园

◄威廉·维兰德（Willem Vrelant），《花园中手捧宝球的耶稣》（*Jusus with an Orb in a Garden*）局部，作于约1460年，现藏于美国洛杉矶的保罗·盖蒂博物馆

古希腊和古罗马的神圣树林，是我们对自然的复杂情感的滥觞。这种情感影响了后世对花园的描绘。

神圣树林

在希腊罗马神话中，树林是神圣的地带，神明栖居在树木、峭壁、溪流与泉水之间，而以上种种又都变成了特定信仰崇拜的对象。在这些地方，神明可以进行他们最爱的活动，比如狩猎或者在清凉的泉水附近的树荫下休息。有时，他们也会遭遇人类。这样一来，树林就成了人类可以与神灵建立联系的场所，因此，树林可以激起人类的惊愕、恐惧与沮丧的心绪。这些情感，又被树林本身的特性放大了：树林是充满野性的，未被人类行为影响和污染的，在林间，大自然的原始力量得以彰显。神圣树林令人惊惧的一面来自拉丁语传统。在拉丁语传统中，树林的美学意蕴是最为微弱的，而在希腊人看来，树林是一片欢愉之地（locus amoenus），丝毫不会引发恐惧感。此外，对希腊人而言，自然从来不会引起对神明的恐惧。自然是一个寻觅和谐、优美的场所，在这里的一切归根结底都可以用人的尺度来衡量。在希腊化时期和波斯思想的影响之下，罗马文化中对神秘树林的恐惧最终会消失殆尽。一旦树林脱离了宗教思虑的保护，神圣的元素便会让位于美学的考量，花园也会出现在昔日的神殿圣所中。

▼ 莫里斯·达尼斯（Maurice Danis），《众缪斯，神圣树林》（*Muses, the Sacred Wood*），作于1893年，现藏于法国巴黎奥赛博物馆

这幅画作呼应了亚克托安的故事。他曾看见狄安娜在泉中裸浴，并因此受到狄安娜的惩罚。仙女们的举动可以从两个角度解释，她可能是在保护狄安娜，阻挡好色之徒的窥视；也可能是在保护那些好色之徒，以免狄安娜狂怒之下责罚他们。

在希腊罗马神话中，树林是神圣的地带，神明可以在树林间从事他们最爱的活动。狩猎之神狄安娜的树林便是出类拔萃的神圣树林。

一个鬼鬼祟祟的好色之徒想偷窥狄安娜，但一位仙女出其不意地用手盖住了他的脸，以免他看到狄安娜。

画像中的狄安娜刚刚出浴，仙女们正为她擦干身体，并在光洁的皮肤表面涂抹油膏。

▲让·弗朗索瓦·德·特鲁瓦（Jean François de Troy）、《沐浴中的狄安娜与众仙女》（*Dianna and Her Nymphs Bathing*），作于1722—1724年，现藏于美国洛杉矶的保罗·盖蒂博物馆

这一场景出现在公园的阶梯台地上，树木的排布构成了一个颇似教堂中殿的空间。

一侧的墙壁和另一侧的斜坡，将神圣树林同外面的世界隔绝开来，凸显了它排外的特征。作为神圣地带，只有内部人士才能进入。

一队身着白衣、貌似古代神父的人缓步走向祭坛。祭坛上正燃着一把火。

在古代传统中，自然环境周围确立了界线，就会成为神圣地带的边界。

▲阿诺德·勃克林（Arnold Böcklin），《神圣树林》（*The Sacred Wood*），作于1882年，现藏于德国莱比锡艺术教育博物馆

天堂花园是完美的原型，是永恒的花园，贯穿着时间的开始与时间的终结。天堂花园一直是人类幸福的象征。

天堂花园

　　天堂反映着东方的传说，激发了对人类直接与神明沟通的黄金时代的怀旧情绪。虽说世上独有的神圣花园主题，和在神圣花园中出现的生命之树都根植于东方传统，但善恶知识之树却是首次在《圣经》中出现的新元素。尽管文本中两棵树截然有别，基督教图像中的两棵树却往往合二为一，两位人类始祖站在树的两侧作为祈祷者。一些学者认为，树木的象征意义在宗教史上至关重要，因为它是宇宙中轴的样子，能将人类世界与神明的世界联系在一起。因此，天堂之树和它枝条上挂着的果实，既包孕着生，也包孕着死。天堂花园象征着人类原初的纯洁和人类本真纯洁的丧失，然而，天堂花园本身却没有永远消失。它那由上帝的天使守卫的大门，将在时间尽头再次敞开。

▼《伊甸园》（*The Garden of Eden*），作于约1480年，现藏于法国马孔市立图书馆

知识之树矗立在花园中心，两位人类始祖站在树的两侧。虽然宗教典籍中明确提到的是两棵树，基督教图像却将其合二为一。

天堂花园不同于黄金时代的神话花园。在《创世记》中，上帝在花园中引入人类是为了方便照料花园。

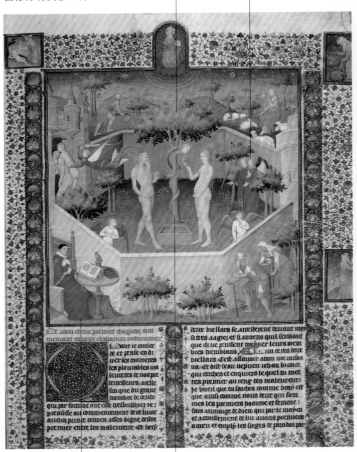

这幅微型插图选自薄伽丘所著《男女名人的命运》（*Concerning the Fates of Illustrious Men and Women*）的插图本。这部书讲述了亚当与夏娃的故事。

伊甸园是永恒的花园。园中果实累累，花园由四条河流灌溉。上帝在花园中央种下了善恶之树，亦即知识之树。

▲布西科画师（Boucicaut Master），《亚当与夏娃的故事》（*The Story of Adam and Eve*），作于约1415年，现藏于美国洛杉矶的保罗·盖蒂博物馆

在福音书里，基督一生中关键的时刻，他那些有关热情、死亡和复生的故事，都发生在花园中。

基督的花园

在《最后的晚餐》那一夜，耶稣携门徒詹姆斯、约翰和彼得来到哥西马尼（Gethsemane）园祈祷。但门徒都睡着了，丝毫不知道将要发生怎样的事情。哥西马尼园是一片橄榄树丛。在犹太人的传统中，橄榄树是上帝的枝状大烛台，承载着光，东方传统则将它们的果实视作生命本质的象征。于是，耶稣走进树丛，因为他想寻觅神明的启示，帮助他脱离这令他备受威胁的可怕命运。恰恰是在哥西马尼园中，耶稣被犹大引来的罗马士兵逮捕了。橄榄山的象征意义，与天堂花园以及《圣经》中花园固有的生命与繁衍的概念是相反的。橄榄山是一片痛苦与背叛的花园，是某种"反花园"（"anti-garden"）。耶稣受难后，被葬在另一座属于亚利马太的约瑟的花园中。在这座园中，上演了著名的园丁耶稣的故事，亦即noli me tangere（"touch me not"，不要触碰我）的故事。在故事中，抹大拉的马利亚误将耶稣认作一位园丁。耶稣乔装成园丁出现，与他受难时赎清了亚当和夏娃犯下并致其被逐出伊甸园的罪过密不可分。此外，与在伊甸园中不同的是，抹大拉的马利亚并没有被驱逐，而是按自己的意愿主动离开了花园。她心中牢记着神圣的使命，那就是告诉耶稣的门徒们，耶稣已经复生。于是，这座花园也便成了重生的花园，它标志着生战胜死，象征着一则诺言的实现，即伊甸园将会在时间尽头重新来临。

▼ 桑德罗·波提切利（Sandro Botticelli），《园中演说》（Oration in the Garden），作于1499年，现藏于西班牙格拉纳达皇家礼拜堂博物馆

覆盖着青草的石头，暗示此地是一片花园。此外，我们能在背景中看到，花园四周环绕着一圈灯芯草编织成的传统样式的篱笆。在画家的笔下，那里有一伙人正前来逮捕耶稣。

福音书中并没有强调这一幕是在花园中发生的，因为受苦受难的经历与花园令人愉悦、与神明共处的原型形象着实相去甚远。耶稣在人与神这两重身份特征中苦苦挣扎，决定了橄榄园不能是一片舒适、神秘的地方。

画中的花园是一片荒芜贫瘠之地，是某种"反花园"。园中没有树木和鲜花，只有几丛在石缝间生长出来的草，四下也都只是青草一片而已。

▲马丁·松高尔（Martin Schongauer），《基督在橄榄山上》（*Christ on the Mount of Olives*），作于约1485年，现为私人藏品

重生之园与橄榄园不同，园中植被茂密，很可能暗示着人类的罪孽已被赎清。这是代表新生的花园，在这里，生战胜了死。

基督站在墓穴上方的形象占据了画面的显要位置。他手中正握着一个带旗帜的十字架，这是重生的象征。

花朵从荒芜的土地里生长出来，就好像大自然也积极地参与到耶稣复活的过程中来了一样。

▲维亭高画师（Master of Wittingau），《基督的复生》（*The Resurrection of Christ*），作于约1380年，现藏于捷克布拉格国家美术馆

花园一侧有一片有生命的建筑物：一条由人像柱支撑起来的、爬满绿色植物的拱廊。我们可以看见抹大拉的马利亚正在聆听耶稣的讯息。

在亚利马太的约瑟的花园中，耶稣遇见了抹大拉的马利亚。在这幅画中，花园处理成了一座典型的、格局规整的花园。

耶稣乔装成园丁出现。这提醒着我们，耶稣通过死亡，赎清了当年使得亚当和夏娃被驱逐出天堂的罪过。耶稣也就是新的亚当，他是那些虔诚信徒的园丁。

▲兰伯特·萨斯崔斯（Lambert Sustris），《不要触碰我》（*Noli me tangere*），作于1540—1560年，现藏于法国里尔美术博物馆

圣婴举起手，做出了代表祝福的手势，另一只手中则握着一个带耶稣受难像的宝球。宝球的形象将救世主的重任传递给了耶稣。

画面中的耶稣坐在一片封闭式花园之内，花园四周是一片红玫瑰树篱和一道上面覆盖着绿草的砖砌长椅。红玫瑰很有可能象征着他的热情。

▲威廉·维兰德，《花园中手捧宝球的耶稣》（*Jusus with an Orb in a Garden*）局部，作于约1460年，现藏于美国洛杉矶的保罗·盖蒂博物馆

封闭式花园通常象征着圣母马利亚，但在这幅画中，它强调的是孩童般的耶稣的单纯善良。他将牺牲自己，拯救人类。

圣母马利亚的花园是封闭式花园的代表，象征着她纯洁、与原罪无染，在15世纪开始大面积流行起来。

马利亚的花园

▼ 天堂花园画师（Master of the Paradise Garden），《天堂的小花园》（The Little Garden of Paradise），作于1410年，现藏于德国法兰克福的施特德尔美术馆

15世纪期间，信仰圣母马利亚的人数急剧增加，一个尤为重要的原因便是科隆的道明会内部发起的《玫瑰经》（Rosary）运动。道明会的宗旨就是要通过信奉圣母马利亚和她的《玫瑰经》来重建信仰。这场运动席卷了全部德语区，甚至蔓延到了意大利。圣母马利亚象征着人性与神性的结合，是沟通神界与人间的桥梁。于是，她的形象便与越来越多的事物联系起来，这些事物大多都来自《雅歌》中的一个经典篇章（4.12），但也部分出自拉巴努·莫鲁斯（Rabanus Maurus）、阿尔贝图斯·马格努斯（Albertus Magnus）和伊西多尔（Isidore）等中世纪学者的阐释解读。这些事物在15世纪和16世纪期间越发多见于绘画作品中，歌颂着封闭式花园里的圣母马利亚。马利亚和象征物、圣婴以及演奏着乐器的天使的经典形象，还有一系列变体，比如《神秘的狩猎》（Mystical Hunt），画面中一只独角兽逃到马利亚的花园中寻求庇护。《天使传报》（Annunciation）的画面有时也以封闭式花园为背景。还有一种变体，圣母马利亚和圣婴一起坐在凉廊下，花园在其中便扮演了"中间地带"的角色，负责神圣场景和四周城市景观的过渡。在这里，封闭式花园的主题和宫廷花园的形象有融合的趋势。

花园喷泉象征着圣母马利亚的
纯洁和慷慨的赐予。

封闭式花园的形
象象征着圣母
马利亚的纯洁，
自15世纪以后极
为流行，《玫瑰
经》运动开始
后尤甚。

圣母马利亚的花
园四周环绕着
繁盛的玫瑰丛。
这幅画中，圣
母与圣子四周围
绕着天使与圣
人，经典地再
现了封闭式花园
的图景。

▲斯特凡诺·达·维罗纳（Stefano da Verona），《封闭式花园中的圣母与圣子》
（*The Virgin and Child in the Hortus Conclusus*），作于约1410年，现藏于
意大利维罗纳的古堡博物馆

花园四周围绕着带雉堞的坚固的高墙，起保护作用。墙体是粉色的，是白色与红色混合的产物。白色象征着圣母的纯洁，红色象征着基督的热情。

圣母四周的事物象征着她的道德和她自身。

天使加百利以信使和猎人的角色出现，用绳子牵着四条狗。四条狗从上到下分别代表着怜悯、平静、正义和真理。这四种美德将随着圣子一同来到人间。

这幅画不仅称颂着马利亚的纯洁，还描绘了神秘狩猎的场景，而狩猎场景也象征着耶稣道成肉身，降临人间。15世纪，神秘狩猎的主题与天使传报的主题一同出现，尤其多见于德语区。

▲马丁·松高尔，《神秘狩猎》（*The Mystical Hunt*），作于约1485年，现藏于法国科尔马菩提树下博物馆

围墙花园是前景中的神圣场景和后侧的世俗景象的过渡。花园是典型的15世纪花园，高出地面的花床四周砌着低矮的砖墙。

这座花园类似于宫廷花园，画面中三位衣着入时的人物正望向墙另一侧开阔的全景，更加凸显了宫廷花园的特色。

三片灌木是用叠加在树木上的铁质或木质碟子修剪而成的，类似绿雕工艺。

神圣的场面在前景中展开，主要人物有圣母马利亚、圣子、抹大拉的马利亚和女赞助人。

▲圣古都勒大教堂圣像画师（Master of the View of Ste. Gudula）、《圣母、圣子、圣抹大拉的马利亚与女赞助人》（*The Virgin and Child with Saint Mary Magdalen and a Patroness*），作于约1475年，现藏于比利时列日宗教和莫桑艺术博物馆

打开的书和合上的书分别象
征着《新约》和《旧约》。

玫瑰树篱和砖砌的长椅围绕在圣母与圣子身边，
好像在保护他们一般，令人联想到封闭式花园
的形象。

▲罗伯特·坎宾（Robert
Campin）画派艺术家，
《谦卑的圣母》（*Madonna
of Humility*），作于约
1460年，现藏于美国洛杉
矶的保罗·盖蒂博物馆

新月在圣母的衣服
下若隐若现，类似
于圣母无染原罪宗
教图像中圣母马利
亚脚下的月亮。

在画面中，谦卑的圣母席地
而坐，将圣子耶稣抱在怀
里。这是弗拉芒画派作品中
常见的形象。

《圣经》中有许多故事发生在花园中。此处的花园有着双重意义，既属于诱惑与罪恶，也属于道德。

被侵犯的花园

《但以理书》讲述了苏珊娜的故事。苏珊娜是一位有沉鱼落雁之美的女性，她嫁给了约基姆。约基姆让两位犹太长者来他的花园中探讨法律问题。在园中，两位长者爱上了苏珊娜，并暗下决心要不择手段地得到她。有一天，苏珊娜如往常一样在园中沐浴时，两位长老从藏身之处突然出现，威胁说，如果苏珊娜不肯就范，要以通奸之罪告发苏珊娜。苏珊娜不肯屈服，两位长老便开始实施他们的计划了。然而，但以理（Daniel）适时介入挫败了两位长老的计划，也证明了苏珊娜的贞洁。对苏珊娜的故事的艺术呈现，通常描绘她在一片茂密园林植物的掩映下沐浴的场景。花园不仅是呈现女性裸体的绝佳画框，更是激发了诱惑与罪恶的情感，为良善与罪恶斗争的主题充当背景。有时，花园四周有高墙环绕，凸显了两位长老侵犯神圣领地的恶行。《圣经》中还有一则发生在花园中的侵犯僭越的故事，那就是拔士巴的故事。拔士巴样貌秀美，是乌利亚的妻子。大卫王爱上了她，想娶她为妻，于是派她的丈夫去战场送死。这则故事的背景是一座美丽的花园，有花园中常见的迷宫，以凸显故事主人公们错综复杂的情爱关系以及他们的感情本质上不为人世所容的特点。

▼ 巴尔达萨雷·克罗齐（Baldassare Croce），《苏珊娜和长老》(*Susannah and the Elders*)，作于约1598年，现藏于意大利罗马圣苏珊娜堂

苏珊娜被光线照亮的身体与两位长老形成了强烈的对比。作者用幽默的笔触将长老们刻画成了僵硬、笨拙的形象。

在背景中有一座爬满绿植的拱廊,覆盖着这座带围墙的花园的入口。

玫瑰墙将空间一分为二,令人想起诸多封闭式花园中出现在圣母玛利亚身后的树木形象。因此,墙可能象征着苏珊娜得以守住的贞洁。

从两位长老的角度上讲,苏珊娜的花园是一座充满诱惑的花园。从苏珊娜本人的角度来看,又是一座象征着未被侵犯的美德的花园。

▲丁托列托（Tintoretto）,《苏珊娜与长老》（*Susannah and the Elders*）,作于1555—1556年,现藏于奥地利维也纳的艺术史博物馆

亚当与夏娃被逐出伊甸园后，人类不得不在善与恶永恒的斗争中维系自己道德的清正。

美德的花园

　　花园通常是愉悦身心的地带。花园可以通过旖旎的风光、声音和香气来愉悦我们的感官，同时也可以让我们运用头脑。不过，早在古代，作家们就曾经警告过花园中潜藏的危险和圈套。后来，出现了一系列有着寓言色彩和象征意义的形象，将圣母马利亚的肖像和美德的花园联系在一起。这些形象以花朵的外形出现，因为花朵可以表现慈善、谦卑和贞洁；也以物件的形象出现，比如"被封印的喷泉"便是一个象征着纯洁的形象。16世纪时，花园却成了对心灵的诱惑的代表，在特伦特会议（Council of Trent）上教廷重新确立了自己的道德权威后，这一现象尤为明显。就在那时，美德的花园与罪恶的花园最为明显的分别，是园中进行的活动。情人一起散步、交谈可能会导致淫乱的行为，而如捉迷藏之类的无伤大雅的乡间游戏，可能象征着这样无忧无虑的快乐背后潜藏的危险。无论如何，美德的花园和罪恶的花园都有着各种形式和变体，其中有一些还是颇具原创性的。

▼瑞士织锦工坊，《天使传报、神秘狩猎与圣母马利亚的象征》（*The Annunciation with the Mystical Hunt and Symbols of Mary*）局部，作于1480年，现藏于苏黎世的瑞士国家博物馆

半树半人的女性形象号召大家拿出坚毅、节制和正义，采取行动保护花园，以免花园被那群颇具威胁力的人破坏。

花园四周环绕着一圈气势恢宏的爬满植物的拱廊，堪称最为精致的园林艺术样本，与愚昧无知那种闲散而不加整饬的文化形成了鲜明对比。

美德的花园被种种罪恶侵犯了。代表智慧与学养的女神密涅瓦（Minerva）心意已决，正在众多美德的帮助下，将罪恶驱离。

代表欲望的维纳斯站在代表淫欲的半人马背上，准备一跃跳进罪恶的泥淖。

愚昧无知是罪恶的首要源头。贪婪和忘恩负义正将他掷向泥塘，泥塘才是他适合的环境。其他种种罪恶也追随着他走进浑浊的泥塘。

▲ 安德烈亚·曼特尼亚，《密涅瓦将罪恶逐出美德的花园》（*Minerva Chases the Vices from the Garden of Virtue*），作于1497年，现藏于巴黎卢浮宫

五种感官的图像分类在中世纪得到发展，在中世纪后继续在颇具创意的新想法的推动下不断丰富。

感官的花园

描述五种感官的图像在创生之际受到了中世纪动物寓言集中动物形象的启发，并不断丰富发展，最终形成了多种绘画传统。从诞生之初，花园便是这一图像传统的一部分，《贵妇人与独角兽》系列织锦作品便是一例。在作品中，人的感官在一片生机盎然的花园世界里凸显出来，而且以女性形象作为代表，这是史无前例的。最终，这一题材的绘画也囊括了日常生活的景象。对真人栩栩如生的描摹和艺术家身处当代的特征，都加入了貌似日常活动的行为当中，而背景中的花园有时会成为故事不可或缺的一部分，且和爱之园有着清晰的关联。有些展示着园中争斗与欢宴的场景，而自17世纪以后，有些还呈现了夫妇交欢的场面，包含着道德寓意，警告我们不得滥用感官。此外，花园的自然特征决定了它可以展现与嗅觉相关的场景，经常表现为一个坐在园中的女性形象，大多时候都是在闻自己手持的或他人递来的花朵。感官的图示也可以较为模糊难以捉摸，只有对某一特定作品进行一番细致的分析，才能清晰地发现感官的主题。

▼ 布鲁塞尔织锦工坊，《贵妇人与独角兽，"嗅"》（*The Lady and the Unicorn, "Smell"*），作于1484—1500年，现藏于法国巴黎国家中世纪博物馆，亦即克鲁尼博物馆

花园的香气和花园中肩上扛着酒罐的半人半羊的森林之神，令人联想到嗅觉与味觉的主题。

画面中风琴演奏者一边演奏风琴，一边凝视着女神，表现了听觉与视觉的主题。

小天使正抚摸着女神，体现了触觉；而小天使和女神之间彼此以目光示意，表现了视觉。

▲提香（Titian），《维纳斯和丘比特与风琴手》（*Venus and Cupid with an Organist*），作于1548年，现藏于西班牙马德里的普拉多博物馆

这位绅士正在闻着手中那一小束鲜花，夫妇身后的女孩凝望着一朵康乃馨。康乃馨象征着婚姻的忠诚。

台阶通向一座几何形的花园，园中有规整的花坛，外围环绕着低矮的墙。花园自身也有爬满绿色植物的围墙，墙上有拱形的门。

狗的形象同小女孩正在楼梯下缘的拉杆支柱上摆放的盆栽一样，都在暗暗提示着嗅觉的主题。

▲亚伯拉罕·博斯（Abraham Bosse），
《香气》（*Odoratus*），作于1635年，
现藏于法国图尔的美术博物馆

桌上丰盛的菜肴提示着味觉的形象，而依靠在桌边弹奏琉特琴的年轻男子则是听觉的化身。

在这里，五种感官的主题是为了传递一种由宗教引发的道德劝诫，它们强调了感官的内涵中通常为贬义、且能致人犯罪的部分。

▲路易·德·科勒里（Louis de Caullery），《在爱之园中，或五种感官》(In the Garden of Love, or The Fives Senses)，1618年，现藏于捷克纳拉霍夫斯维斯城堡

五种感官的寓言以一座与世隔绝的爱之园为背景，宾客们都在进行着种种"献殷勤"般的活动。

按照从右到左的顺序，前景中的几位夫妇分别代表着嗅觉、触觉和视觉。

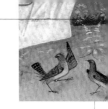

炼金术图像脱胎自花园的形象。因为花园需要悉心照料，且和炼金术一样，它们的目的都是为了获得完满。

炼金术花园

在炼金术花园中，每种颜色、每个图案、每种材质都与对知识的追求相关，它们有着奇幻的色彩和象征意义，是反省和沉思的好素材。比如说，蒸汽代表着飘忽不定的魂魄，炼金使用的材料飘向天空，将那些惰性的物质留在了下方的人间。再如，露滴也是值得研究的，因为它们具有供给养分的能力，它们通过与蒸汽相反的运动来到人间。在炼金术花园中，一切东西，无论动物、植物还是矿物都是一则寓言，象征着物质的转化过程：从土壤的固态，到水的液态，再到空气的气态，最终形成完美和谐的贤者之石的状态，即一种有序的体系，是宇宙的伟大秩序。此外，花园中的每一种蔬菜和矿物元素都有相应的人体组成部分与之对应，如人的身体、灵魂和生命。炼金术花园中也种植着多种植物，植物品种都是按照某种特定的宇宙观选取的，栽培的是为了造福人类。在炼金术士的植物中，自然会有曼陀罗的根。曼陀罗形似人体，因此自从中世纪以来都被视作奇异神秘的植物，为了获得占卜和预言的能力，人类一直在炼金术花园中栽培种植。

▼《原创炼金术花园手稿》（*Opus Alchemicus as Hortus Conclusus*），选自吉亚诺·拉奇尼奥（Giano Lacinio）的《昂贵的新珍珠》（*Pretiosa Margarita Novella*），作于1577—1583年

鸟类象征着气态元素，代表着物质的升华；而有七个梯级的梯子（和当时已知天体的数量以及七种金属相呼应）则象征着炼金术士的工作必须经历的阶段。

画面中央的树便是贤者之树，有时也叫作赫耳墨斯之树或炼金术士之树。

炼金术士爬上炼金术之树采摘枝条，并将其送给树下的贤者。

河流象征着液态元素。

▲《带皇冠的金色树》（*Golden Tree with Crown*），《太阳的光辉》（*Splendor Solis*）插图，作者系所罗门·崔斯莫森（Salomon Trismosin），成书于16世纪

寓意画（emblem，又有 "纹章" 之意）是充满多种象征和寓言意义的图案，其中包含着一个图形、一句格言和一句拉丁文解释。

寓意画中的花园

　　《徽志集》（*Emblematum Liber*）是由法律学者安德烈亚·阿尔恰提（Andrea Alciati）于1531年写就的，该书大获成功，刊行过百余个版本。霍拉波若（Horapollo）的《象形文字》（*Hieroglyphica*）和弗朗切斯科·科隆纳的《寻爱绮梦》对阿尔恰提影响甚巨。箴言牌（impresa）的形式与普通寓意画不同，它仅由一个图案和一句格言组成，也对他影响颇深。在寓意画中，花园通常是神秘的地带，它的意义只有预先选中的少数人才能理解，这些人有着必要的工具，能解读花园企图传达的讯息。在寓意画中的花园里，草木繁盛，万紫千红，香气四溢，还有错综复杂的迷宫。寓意画好比一个煅铁炉，新奇的哲学观念在这里试水，而浅近平易的概念也在寓意画中得以传递。通过格言和解释性的警句，花园再次进入了道德象征的、哲学与文学的、神圣的、英雄主义的和有讽刺意味的世界。花园的意义建立在图文关系的基础之上，可以直接理解，也可能需要借助寓意画研究文献评论中深入的阐释。而从另一个角度上讲，有时花园只是单纯的背景而已，是寓意画承载的复杂信息中的一个中立的元素。

▼雅各布斯·博什丘斯（Jacobus Boschius），所著《象征符号》（*Symbolographia*，1710年）中的寓意画

15世纪晚期法国占领后，这枚箴言牌被从法国送往意大利。这枚箴言牌由格言和图案两部分组成。

迷宫中央有一棵树的图案令人想起爱之园的模式。

NON VEGO VNDE ESCA

▲《我看不见它从何处而来》(*Non vego unde esca*)，阿丰索·皮克罗米尼 (Alfonso Piccolomini) 的箴言徽章，选自雅各布斯·提珀休斯 (Jacobus Typotius) 的《神圣和世俗的宗教象征》(*Symbola Divina et Humana Pontificum*，布拉格，1601—1603年)

这则格言的意思是，除非遵循十诫的神圣法则，否则人们不可能逃离恶魔虚妄欺诈的迷宫。

箴言牌形似圆形徽章，上面的格言反映着某种自我形象，或者宣示着一些个人的诉求。箴言牌可以挂在胸前，也可以别在帽子上。

在16世纪和17世纪间，花园的形象中通常有着花朵和成筐的果蔬组成的美妙的装饰物，同时，还有一些与人类需要记住自己必死的命运（memento mori）的主题相关的事物。

静物

　　将静物放置于花园的背景之下，是弗拉芒派画家扬·范·海瑟姆（Jan van Huysum）的创意。在传统绘画中，通常将常见的花果等放置在黑暗的背景下以使其更为突出，而这一创意则为改换掉较暗的背景提供了绝佳的理由。绘画作品的数量越来越多，花园的角落也开始出现在描绘自然的图画中。在这些图画里，动物与植物的同步出现都带有象征意味，象征着尘世欲望与基督教符号之间、良善与罪恶间永恒的冲突。以花园为背景的静物作品，记录下了贵族赞助人们奢侈的品位和地主们铺张的生活。比如，在以游戏活动为背景的静物作品中，狩猎的场面便突出了贵族阶层对狩猎的热忱。后期出现的鲜花、果蔬、奢侈品和收藏品的组合又创造出了一幅穷奢极欲的生活图景。这些"奢侈的静物画"虽说有些比较明显的展现富裕生活的主题，但也一直保有着自己传统的象征意义："爱慕虚荣。"比如，这一点通常通过那些表现生命转瞬即逝的物件体现出来，比如打开的怀表。不过，这些绘画也可以单纯起到装饰性的作用，可以只是为了赋予财富以荣光，这与路易十四后在法国声名大噪的以庆祝为目的的艺术如出一辙。我们也发现，有一部分艺术家的兴趣是单纯地做记录，或是单纯对植物感兴趣，他们只是想描绘一些栽培在植物园里的稀罕品种。

▼ 皮耶尔·弗朗切斯科·奇塔迪尼（Pier Francesco Cittadini），《水果与糖果静物》（*Still Life of Fruit and Sweets*），作于约1655年，现藏于意大利里雅斯特的萨尔托里奥公共博物馆

描绘各类植物的画作通常是真正的静物画。在这幅画中，南瓜的背景是一座美第奇家族的花园。

自1696年以后，托斯卡纳画家巴托罗密欧·宾比（Bartolomeo Bimbi）按照实物大小绘制了许多在大公宫花园中发现的果实。

绘画的目的，是要保留住关于某些罕见自然造物的记忆，比如这个硕大无朋的南瓜。石头上的文字说道，这个南瓜是1711年在王室成员位于比萨的花园里发现的。南瓜重达160意大利磅，约合45千克。

▲巴托罗密欧·宾比，《南瓜》（*Pumpkin*），作于约1711年，现藏于意大利佛罗伦萨的植物博物馆

扬·范·海瑟姆是率先抛弃传统的阴暗背景，代之以花园为背景绘制静物画的艺术家之一。

精心绘制的色彩鲜艳的水果和鲜花，和背景中的花园形成了鲜明的对比。花园中可以看见一尊雕塑，还有两个正倚靠着栏杆的人物。

▲扬·范·海瑟姆，《水果》（*Fruit Piece*），作于1722年，现藏于美国洛杉矶的保罗·盖蒂博物馆

昆虫的出现，尤其是苍蝇和蝴蝶一同出现，暗示了画作表现着善与恶之间永恒的斗争，同时也象征着白驹过隙般的生命。

一片如花环般的水果、花朵和树叶在石砌的栏杆上摊开。花朵仿佛都无法支撑自己的重量，纷纷垂下头来。

花园作为供人静心思考学习之地的形象，可以追溯到古代，而这一形象又在文艺复兴时期佛罗伦萨的雅典学院中获得了灵感。

哲人的花园

▼安塔尔·施特罗迈尔（Antal Strohmayer），《雅典哲人的花园》（*The Philosopher's Garden, Athens*），作于1834年，现为私人藏品

在古代，人们认为花园是让头脑得到放松的地方，这一思想在人文主义高扬的年代得到了复兴，其中劳伦佐·德·美第奇（Lorenzo de'Medici）的影响尤为突出。他以马尔西利奥·费奇诺（Marsilio Ficino）神秘的信条为基准，将卡雷吉和波焦阿卡伊阿诺等地的花园变成了雅典学院的教学中心。从维吉尔的理想的角度来看，希腊与罗马思想可以作为基础，引导人过上顺应自然的生活。这种在16世纪末、17世纪初发展起来的新斯多葛派观点，主要脱胎于哲学家尤斯图斯·利普修斯（Justus Lipsius）的理论。这一观点认为，花园是让智识得到丰富和培育的地方，不可以用来追求散漫庸俗的目的。花园因其静谧而存在，有利于愉悦心志，因此是求知之地，可以自由地钻研哲学。17世纪的宇宙观发轫于新柏拉图主义思想，亚里士多德的教义被人们摒弃，这使得人们重新确立了人与自然的关系。与文艺复兴时期那种"受制"的关系不同的是，这一时期的人要发自内心地拥抱自然，适应自然，并借此营造一种新型的关系。这些观点和近似的看法会开始出现在风景画创作中，表现为情感与理性的完美结合，也会在新的园艺思想中有所体现。

有时，为了呈现更为复杂的谜团和更崇高的理想，花园中引人惊异流连的组成部分不得不被放在一边。

共济会的花园

在18世纪期间，共济会的理想正在欧洲蔓延，花园的意义也越发复杂，园林成了共济会思想的载体。虽然解读那些尚待破解的讯息实属不易，但在花园结构中与共济会组建初期相关的一些元素已经得到了确认。这些元素大多都是建筑物，它们的名字提示着背后的思想倾向：比如友谊神庙、美德神庙和智慧神庙，比如象征着共济会前身圣殿骑士团的中世纪塔楼堡垒。此外，花园中还有取自埃及世界的符号，其中金字塔最为多见，还有玫瑰十字会传统中的建筑和洞穴，在其中可以举行降神会或者修习炼金术。

▼尼可罗·帕尔马（Nicolò Palma），《公共别墅朱莉亚地形图》（*Topographical Map of the Public Villa Giulia*），作于1777年

此外，还有一些故弄玄虚的建筑物，有意地掩饰住了它们神秘莫测的意图。初期阶段的建筑风格是由事先确定的仪式程序决定的，这个程序需要完成一系列任务，象征着入会者精神和道德的提升。花园中的空间便可以用于创造这种富于象征意义的仪式程序，园中的建筑物是仪式过程中必须停留的地点。1770年至1780年间在法国建造的许多花园都归共济会贵族所有，比如巴黎的蒙梭花园便属于法兰西大东方社头领沙特尔公爵，埃默农维尔园归吉拉尔丹侯爵所有，莫佩尔蒂（Mauperthuis）则属于孟德斯鸠男爵。

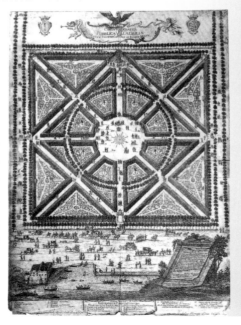

光与影的强烈对比有可能暗示着两种元素的同时出现。
光与影实则是同一种东西，正如生也是死一样。

金字塔旁边的两根小立柱是为了提醒人们记住支撑起所罗门的神殿的两根柱子，进而让人们记得那支撑内心道德神殿的立柱。

金字塔象征着死亡，也被视作来生的图景。它代表着一扇门，灵魂穿过此门即可永生不灭。金字塔上长满了合欢属植物，在共济会神话中，合欢属植物与死后思想不灭的观点相对应。

▲雅克·亨利·萨布雷，《罗马挽歌》(*Roman Elegy*)，
作于1791年，现藏于法国布雷斯特的美术博物馆

孟德斯鸠男爵花园入口处的金字塔很显然是由克洛德-尼古拉·勒杜（Claude-Nicolas Ledoux）设计的。

18世纪70年代，法国建造的许多风景如画（picturesque）的花园，都归共济会贵族成员所有。对他们来说，花园中遍布着种种有意义的建筑结构，代表着入会者需要走过的流程。

金字塔既是生命的象征，也是死亡的象征。塔上有一洞口，穿过洞口，即可进入一个入会者的花园，就好像迈过门槛走进新生一般。这场充满象征意味的旅行的终点是一片宽阔地带，火和有净化作用的池塘象征着共济会入会的途径。

▲ 克劳德-路易·夏特莱，《莫佩尔蒂的金字塔》（*The Pyramid of Mauperthuis*），作于约1785年。现为私人藏品

这座圆柱形的建筑建于约1780年。它的风格是多立斯式或托斯卡纳式的，约50米宽。如果这座建筑并不是为了呈现废墟的形象，它甚至可以高达120米。

要进入莱兹荒漠园（Désert de Retz），需要穿过一条幽暗的洞穴，洞穴两侧把守着威严可怖、手持火炬的萨梯神像。花园中还有一座哥特教堂"废墟"、一座方尖碑、一座中国式房屋、一座形似金字塔的冰屋以及温室。

莱兹荒漠园归贵族莱辛·德·蒙维尔（Racine de Monville）所有，建于1774年至1789年间，位于巴黎郊区的尚布尔西（Chambourcy）。就像那美轮美奂的柱状建筑物一样，公园中风光的设想都来自莱辛本人的梦幻。

和园中的中国建筑一样，柱状建筑实际上是一座四层楼房。

▲《莱兹塔》（*The Tower of Retz*），
作于19世纪晚期，现为私人藏品

在18世纪，丧葬活动使用的瓮、墓碑和纪念柱开始成为必不可少的花园装饰物，这一点在英国风景园林中尤为突出。

亡灵的花园

用殡葬用品妆点花园的风俗有多种不同的成因，其中包括18世纪不允许在教堂中修坟的禁令和墓地的诞生。在修建墓地的过程中，一种新式的死亡崇拜导致纪念死者的建筑和物什越来越多。从文化的角度上看，这一现象很大程度上来自阿卡迪亚（Arcadia）的形象。阿卡迪亚是一个田园般简单朴实的理想化世界，它诞生于文艺复兴末期的绘画和文学作品之中，传递着挽歌般的情愫。阿卡迪亚是一个充满永恒魅力的维度，一座与混乱不堪、法纪废弛的世界相别的小岛。当它不再受人们欢迎的时候，人们便开始认为，即使在阿卡迪亚也难逃死亡的命运。"Et in Arcadia ego" 这句格言意思模糊不清，既可以指"甚至连我（死神）都在阿卡迪亚"，也可以指"我（死者）身在阿卡迪亚"。许多画作中的乡野里矗立着的墓碑和纪念柱上都刻着这句铭文。英国诗人爱德华·杨（Edward Young）的《夜思》（*Night Thoughts*）出版后，将花园纳入对死亡和人类情感的沉思的习惯影响范围越来越广。《夜思》甫一出版便大获成功，也预见了在深夜对坟墓沉思这一前浪漫主义的主题。此时，花园已经不再是欢庆、惊喜和游戏的场所，而是成了追忆、追索和忧郁的领地。在这里，死亡的符号触发了人们的反思和深情。

▼艾蒂安娜·路易·布雷（Étienne-Louis Boullée），《牛顿纪念堂》（*Cenotaph of Newton*），作于1784年，现藏于法国国家图书馆

这幅画不仅仅是关于提醒人类牢记自己的必死命运的。
其实，石碑上的铭文缺少了一种对惨淡未来的警示。
牧者的态度实则是对人类必死命运的沉思。

石碑上的铭文 "Et in Arcadia ego"
语出维吉尔，象征着即使在一个如
阿卡迪亚一般田园牧歌的世界里，
人也不能逃避死亡。

普桑将这则
道德教谕以
寓言的方式
再现出来，
创造了挽歌
般的情绪。

从洛可可时期到浪漫主义时期，
快乐与死亡的断然分离一直是
造型艺术和文学作品中极为突
出的特征。在这一时期，花园
成了表达这种无边无际的忧郁
情愫的绝佳场景。

▲尼古拉斯·普桑，《阿卡迪亚牧人》(*Et in Arcadia ego*)，
作于1637—1639年，现藏于法国巴黎卢浮宫

爱丽舍（Élysée）花园也是一座声名显赫人士的墓园，园中青草遍地，种着松柏和杨树。这些树木都有着丰富的象征意义。

在花园中，对伟人的纪念与对死亡的沉思是密不可分的。花园中满是蒂雷纳（Turenne）、布瓦洛（Boileau）、莫里哀（Molière）、笛卡尔（Descartes）等伟人的坟茔。

1794年，亚历山大·勒诺瓦（Alexandre Lenoir）在巴黎的一座曾经的圣奥古斯丁修道院修建了这座遍布法式纪念建筑的爱丽舍花园。

这座博物馆也是一座理想状态下的古代墓地，集中了从法国巴黎内外的教堂收集来的丧葬物品。

▲于贝尔·罗伯特，《爱丽舍宫，法国纪念碑博物馆》（*The Élysée Garden of the Musée des Monuments français*），作于1802年，现藏于法国巴黎加纳瓦莱博物馆

卢梭的遗骸于1794年
被运往先贤祠。

坟墓位于湖心小岛上，
周围环绕着16棵杨树，
从远处便可以看见。纪
念碑上镌刻着一句简洁
的铭文："自然之子、
真理之子长眠于此。"

于贝尔·罗伯特于1778年
设计了卢梭墓，以纪念这
位逝世于吉拉尔丹侯爵宅
邸的伟大哲人。卢梭墓是
18世纪末在花园中修造的
丧葬纪念建筑的典范。

▲夏尔·厄弗拉西·库瓦斯科（Charles
Euphrasie Kuwasseg），《让-雅克·卢
梭墓》（*The Tomb of Jean-Jacques
Rousseau*），作于1845年，现藏于法国
方丹-夏利的夏利皇家修道院

►约翰·康斯特布尔（John Constable），《科乐敦
的雷诺兹纪念碑》（*The Cenoptaph to Reynolds'
Memory*），作于1833—1836年，现藏于英国伦敦
国家美术馆

这座纪念碑是为了纪念画家、皇家学会建立者乔舒亚·雷诺兹爵士（Sir Joshua Reynolds）修建的。1812年，乔治·波蒙特爵士（Sir George Beaumont）在他位于莱斯特郡的科乐敦（Coleorton）花园中树立起了这座纪念碑。

公园是用来追忆往事的地方，它让来访者进入一种更为敏锐、更适合冥思的状态。两位著名意大利画家的形象令人联想到这位推崇"宏伟风格"的艺术家。

纪念碑的两侧矗立着雷诺兹最爱的两位艺术家的半身像：左侧是拉斐尔（Raphael），右侧是米开朗琪罗（Michelangelo）。

一座由岩石构成的半圆形岛屿耸立在水中央，岛上一片柏树掩映着古代的墓穴。这座小岛的设计受到了古代神圣领地的启发，和埃默农维尔的卢梭墓类似。

图中描绘了异乎寻常、动荡不安的自然世界，传递着无穷无尽的孤独感，潜藏着忧郁的暗流。忧郁是浪漫主义精神中特有的情绪。

▲阿诺德·勃克林，《死亡之岛》（*The Island of the Dead*），作于1886年，现藏于德国莱比锡艺术教育博物馆

画面中，死亡的化身穿着黑色外衣，满怀爱意地照料着他们园中的植物。这可能象征着生与死永恒的共存。

雨果·辛贝格（Hugo Simberg）在画中展现出了对超自然的、死亡的、邪恶的事物的古怪偏好。这些都是直接取自芬兰传说的形象，通常被用讽刺的态度进行处理。

诡异怪诞的花园形象可能是为了提示我们，死亡是生命的一部分，也是每个人最终的归宿。

▲雨果·辛贝格，《逝者的花园》（*The Garden of the Dead*），作于1896年，现藏于芬兰赫尔辛基的阿黛农美术馆

中国花园适合静思冥想，园中的装饰元素只是表面现象，其真实目的是实现某种特殊的心灵状态。

冥思之园

▼葛饰北斋，《开花的梅树》(*Flowering Plum*)，作于约1800年，现藏于美国堪萨斯城纳尔逊-阿特金斯艺术博物馆

虽然中式花园的目标本质上和西方类似，都是营造一片通向永恒的风光，但中国花园的根本理念却与西方花园大异其趣。和西方园林类似的是，中国花园中也可能有山水景观，但这些景物有时一步便可穿过。大多数的中式花园都是为了激发某种特定的心灵状态。花园存在的意义就在于它的灵性。在西式花园中，无论是巴洛克花园还是风景园林，舞台都是为人创设的。而中国园林却不需要人的存在来实现自我表现，因为是灵魂为花园注入生命，并通过静思冥想与园林合二为一。中国花园首先是一座神圣的花园，充分地展现着大自然的灵性，这里的土地、水体和天空都是神明。岩石是土地的筋骨，水是自然的养分，即使在方寸之地也能保留住它们本身的含义。从这个角度来看一块岩石并不是为了让人联想到山，它本身就是一座山。这种思维模式，是带有一定的奇幻色彩的。简而言之，中式花园是按照宇宙最高的法则进行经营安排的。桥梁和亭台等通常比较轻巧的中式建筑与自然元素并立比肩。日本人也向中式园林学习，并逐渐将一些法则运用其中，在规则的宇宙之中创造了一片地带，在这里，决定元素的安置排布和形式自身的绝非机缘巧合，而是宗教层面的考量。这类园林脱胎于仔细珍藏的历史传统。

画作仿佛在将观者的双眼引向
虚静和内心的空寂，让人思考
有关"绝对"的问题。

花园中主干遒劲的树木，
以及它与画面底端柔弱
的梅树形成的鲜明对比，
是园中颇具意义的元素。

室内与户外空间融为一体，
好似形成了一个单一的、无
所不包的环境，而画面单一
趋近的设色、那渐变的灰色
和赭色又加重了这种体验。

▲狩野周信，《院中印象》(*Court Senses*)，
作于18世纪早期，现为私人藏品

圆形图案没有起点也没有终点，是完满的象征，有着强烈的象征意义。圆形也会出现在花园中，尤见于巴洛克花园。

圆形花园

乔瓦尼·巴蒂斯塔·法拉利在他1633年于罗马出版的论集《论花卉的栽培》（*De florum cultura*）中描述了几种中心规划花园的模式，尤其着重介绍了圆形花园。圆形花园的目的是模仿宇宙的形态。法拉利借用圆形完美无缺的特点，他不仅想制造文艺复兴时期文化的联想，还想赋予花园的形象以荣耀，将它视作邪恶意志的外显。虽然16和17世纪最为流行的花园设计方案是正方形和矩形的，然而，在几个罕见的例子中，还是出现了与法拉利的观点不谋而合的圆形花园。其中之一便是毛里求斯王子（Prince Mauritius）在海牙的花园，我们能在亨德里克·洪第乌斯的印刷作品中看到这座园林。花园设计围绕着两个圆形结构展开，每个圆形结构外层还有一个方形。从王子的秘书留下的一句名言来看，两个圆形明显象征着亚历山大大帝（Alexander the Great）的话，即他很遗憾，只有一个世界可供自己征服。不过，与此同时，此种设计也可以从毕达哥拉斯主义音乐理论的角度来理解，即方形内部嵌套一个圆形的图案象征着宇宙的和谐，阿尔伯蒂也曾将这一理论应用在建筑当中。圆形的花园在图像学研究中并不鲜见，多见于天堂、封闭式花园和基督的花园中，尤其多见于哥西马尼园。艺术家们有时将哥西马尼园描绘成圆形的花园，可能意在凸显它作为一个反映着神性和一切造物的完美的神圣领地的边界，这和伊甸园在人间所反映的意义是相同的。

▼亨德里克·洪第乌斯（Hendrik Hondius），《毛里求斯王子在海牙的花园》（*The Garden of Prince Mauritius at The Hague*），出自《传统艺术透视》（*Institutio Artis Perspectivae*，海牙，1622年）一书

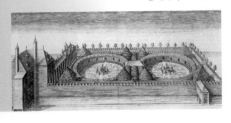

花园的中心矗立着知识之树，树的形状令人联想到基督的十字架。

▲《神秘的人间天堂》（*Mystical Earthly Paradise*），圣阶壁画，乔万尼·盖拉（Giovanni Guerra）绘画作品，作于约1589年，现藏于意大利罗马的拉特兰圣约翰大教堂

人间天堂被分成了八个同心圆区域，每两个区域间有树木和灌木分割，动物悠游其间。数字8有可能象征着《新约》中创世的第八天对应着基督的复活。

这座天堂花园颇具象征意味的形式类似于典型的迷宫结构，比如那些建在中世纪教堂路上、意在困住鬼怪的迷宫。这样，迷宫有可能会令人联想到人间天堂，但也可能象征着罪恶以及天堂失落的时刻。

耶稣被罗马士兵逮捕的情节便发生在
橄榄园中。被捕前，他曾前往园中祈
祷以寻求宽慰。

在图像学中，经常可见
哥西马尼园以圆形的形
象出现。这可能是为了
强调耶稣被捕的事件是
对《圣经》的亵渎和对
上帝的王国的拒斥。上
帝的王国便是人间天堂，
这是一个神圣的地带，
有时会被描绘成圆形。

▲乔万尼·迪·皮耶尔马泰奥·德·卡梅里诺·波嘉蒂
（Giovanni di Piermatteo de Camerino Boccati），
《基督被捕》（*The Capture of Christ*），作于1447年，
现藏于意大利佩鲁贾的翁布里亚国家美术馆

圆形并不是唯一一种象征着用微缩的宇宙形象庆祝造物（imago mundi）的图案。椭圆形和两端有突出半圆形的矩形图案也有类似的功能。

法拉利的著作《论花卉的栽培》中椭圆花园的设计，同弗朗切斯科·博洛米尼的设计中穹顶上的平顶镶板类似。

圣卡罗教堂穹顶上的椭圆形，脱胎自乔瓦尼·巴蒂斯塔·法拉利在他自己的花园中采用的装饰设计方案，和哥特图案的关系尤为密切。

法拉利在《论花卉的栽培》中展示了一些在"几何镶嵌"系统催生的中心规划花园设计图。这一系统受到16世纪意大利植物园的启发，一些学者认为，博洛米尼一些早期作品便是以植物园为原型的。

▲弗朗切斯科·博洛米尼（Francesco Borromini），四喷泉圣卡罗教堂穹顶内部，罗马，作于1638—1641年

文学作品中的花园

黄金时代的花园

金苹果园

弗洛拉的花园

波摩娜的花园

维纳斯的花园

《玫瑰传奇》

但丁的花园

薄伽丘的花园

彼特拉克的花园

波利菲罗的花园

阿尔密达的花园

《失乐园》

花园中的精灵

◀大卫·特尼斯二世（David Teniers II），
《威耳廷努斯与波摩娜》（*Vertumnus and Pomona*），作于17世纪，现藏于奥地利维也纳艺术史博物馆

这一愉悦、安详与丰饶之地，是永恒的欢乐的岛屿，是乌托邦的原型。

黄金时代的花园

▼皮埃特罗·达·科尔托纳（Pietro Da Cortona），《黄金时代》（*The Golden Age*），作于1641至1646年，现藏于意大利佛罗伦萨皮蒂宫与帕拉提娜画廊

每种文明，每个时代，都有它自己对欢乐和丰饶的原始状态的概念。无论是神圣时代、黄金时代还是天堂，这一概念的内核永远是一致的，即在彼时彼地，静谧和谐遍布世界的每个角落。赫西俄德在《工作与时日》（*Works and Days*，106-26）中讲道，人曾经像神一样平静安详地生活，不会被工作所困，也不会担心某种不幸会降临到他们头上。他们没有经历过旧日的困苦，永远身体健康，精力充沛，时间都用来纵酒狂欢。死神在睡梦中来到这些黄金年代的人们身边，宙斯便会把他们变成善良的神。从那以后，他们便隐居在地下，成了死者和财富施予者的守护神。奥维德在《变形记》（I.89-112）中曾提到过原始的黄金年代，并把永恒青春的神话同永恒春天的神话联系在一起。在永恒的春天里，花朵无须种子便可开放，大地上能自动地长出稻谷。缅怀更美好的往昔、失落的黄金年代或者基督教的天堂变成了花园经常反映的主题。花园被视作愉悦之地，独立于世界而永远存在，是最早的、也是最为纯粹的乌托邦。

这幅画以神话的风格重新关照了人间天堂的主题。画面中心有一棵树。和诗人们笔下的花园不同的是，这座花园的四周围绕着墙壁，将危险阻挡在墙外，保护着花园中原本的幸福状态。

黄金时代的人们吃着大地里自动生长出来的果实，"无须劳动，也无不幸之虞"地活着。

人们永远精力充沛，总是在睡梦中安然死去，化身为神明，穿着空气做成的外衣在人间游荡。黄金时代的花园中，是永恒的青春和永恒的春天。

▲老卢卡斯·克拉纳赫（Lucas Cranach the Elder）、《黄金时代》（*The Golden Age*），作于约1530年，现藏于德国慕尼黑的老绘画陈列馆

金苹果园与黄金时代的花园有着密切的关联。它是一座众神的花园，坐落在西天遥远的边缘，浩瀚无际的大海里。

金苹果园

赫斯珀里得斯（Hesperides）是一群被派去在百头巨龙拉冬的帮助下守卫金苹果园的仙女。赫拉嫁给宙斯时，厄斯曾将这座花园作为礼物送给赫拉。花园中长着神话中的金苹果。我们很容易将这座花园类比作亚当和夏娃那座有着生命之树和蛇的花园。一般认为，赫斯珀里得斯女神共有三位，即埃格勒（Aigle）、厄律忒伊斯（Arethusa）和赫斯珀瑞（Hespere），不过不同版本中仙女在三位到七位不等。这些黑夜的女儿们也被叫作"日落仙女"，她们的金苹果园象征着古代人心目中来世的图景。园里种着由人精心养护的生命之树，赫拉克勒斯必须摘取树上的金苹果才能长生不死。古希腊诗人品达（Pindar）曾想象过园中长满金质的花朵。不过，这座花园是不允许凡人进入的。赫斯珀里得斯的花园是伊甸园的形象的回响。人们想要长生不死，以期能获得资格进入金苹果园，而长生不死的象征便是金苹果。金苹果园同《创世记》中的蛇一样，都代表着人们在企图获得永恒至乐的过程中遭遇的阻碍，赫拉克勒斯则象征着那历尽千难万险以求得最高福祉的英雄。

▼《赫拉克勒斯在金苹果园》（*Hercules in the Garden of Hesperides*），作于4世纪中叶，现藏于意大利罗马拉蒂纳大道墓穴

"金苹果"究竟是何种果实，目前尚难断言。希腊语中这种水果的名字叫作melon，意即"圆形水果"，也泛指树上结的一切水果。文艺复兴时期，人们普遍认为"金苹果"指的是柑橘，这一观点后来得到了广泛认可。

金苹果园有一些与天堂花园类似的特征。龙对应着《创世记》中的蛇，象征着为了获得永恒的至乐所必须克服的障碍。

人们通常认为，看守金苹果树的三位赫斯珀里得斯分别是埃格勒、厄律忒伊斯和赫斯珀瑞。

▲爱德华·伯恩-琼斯（Edward Burne-Jones），
《金苹果园》（*The Garden of the Hesperides*），
作于1870—1873年，现为私人藏品

古代意大利女神弗洛拉是花神。她掌管着春天最为热烈的时节，是花朵和植物园最为重要的守护神。

弗洛拉的花园

在罗马，女神弗洛拉象征着对花园丰饶物产的崇拜，"掌管着所有的花卉"。这位女神源自意大利，对她的崇拜中有一些带着性别内涵的古代巫术活动。它让我们得以了解，与花园有关的自然主义信仰在罗马文化中是何等的根深蒂固。奥维德曾经叙述道，弗洛拉曾是希腊仙女克洛里斯（Chloris）。一个春日，春风神正穿过一片田野，他发现了仙女克洛里斯，并立刻爱上了她。他绑架了克洛里斯，后来举办了妥帖的仪式与她成婚。他准许克洛里斯掌管花朵、花园和开垦耕种的农田，作为爱情的奖赏和信物。弗洛拉的花园中，花卉种类繁多，连她自己都数不过来。所以，弗洛拉的形象首先就代表着春天，因为春天是她掌管的季节。她的肖像通常以繁盛的花园为背景，身边花团锦簇。她出现其中的画面，有些还以自然元素和自然现象为描摹对象，有很多都描绘着地球在两个层面上的丰饶。这两个层面彼此互补，一是实用主义的层面，二是娱乐的、类似天堂的层面。实用主义的层面偏重营养和繁衍，娱乐的、类似天堂的层面则侧重花期的奇迹。

▼扬·马西斯（Jan Massys），《弗洛拉在安德烈亚·多瑞亚位于热那亚的别墅花园前》（*Flora in Front of the Gardens of the Villa of Andrea Doria in Genoa*），作于约1550年，现藏于瑞典斯德哥尔摩国家博物馆

前景中经人精心种植的花园有着荷兰花园的典型特征，而背景中又有一座有着草场和小湖泊的、更为"自然"的花园。

小天使们正忙着打理花园，这些都是花神节（Florialia）不可或缺的装饰物。花神节是用来纪念花神弗洛拉的节日，其间神庙和家家户户都悬挂着花环，也可以简单地把花环戴在脖颈上。

花园中盛开着不同品种、各个季节的花卉。这一特征令人相信这幅画描绘的实际上就是弗洛拉的花园。奥维德曾在他的《岁时记》(Fasti) 中描述道："我享受着永恒的春日，一年到头永远繁盛，树木常青。"

▲老扬·勃鲁盖尔（Jan Brueghel the Elder）和亨德里克·范·巴伦（Henderick van Balen），《弗洛拉的花园》(The Garden of Flora)，作于约1620年，现藏于意大利热那亚的度拉佐·帕拉维奇尼（Durazzo Pallavicini）别墅收藏馆

波摩娜好比是弗洛拉的镜像，她是一位古代拉丁女神，守护着果林和水果园。崇拜她的人们把她视作掌管水果的女神。

波摩娜的花园

波摩娜得名于"水果"（pomum）一词。我们心中波摩娜的形象来自奥维德的《变形记》。在《变形记》中，奥维德描述了波摩娜是如何忽略掉了追求者的主动邀约，并全身心投入园林中去的。威耳廷努斯是一位掌管着四季的循环和土地物产的神，他无法抵挡波摩娜的美丽，于是利用自己的能力乔装易容，以不同的形象向她示好求爱。有一天，威耳廷努斯变成了一位老妇人，成功地接近了波摩娜，并狡猾地向她列举着年轻的威耳廷努斯数不胜数的优点，却没能打动她。于是，他决定强行赢得她的芳心。他显出了自己的原形，波摩娜便爱上了他。波摩娜的这则故事在17世纪荷兰和弗拉芒画派中尤为流行，最受画家青睐的场景便是威耳廷努斯扮成老妇人和年轻的波摩娜交谈的故事。向波摩娜献上供品以庆祝温暖季节的到来、歌颂大地丰饶物产，也是弗拉芒画家们钟情的画面。

▼布鲁塞尔织锦工坊，《威耳廷努斯以收葡萄工人的身份向波摩娜自我介绍》（*Vertumnus Introducing Himself to Pomona as a Grape-Harvester*），作于1540—1560年，现藏于奥地利维也纳艺术史博物馆

背景中有一座花园，园子分成了形状规则的花床，大多都种植着花卉，远处还有一扇爬满绿色植物的、带拱廊的墙壁。静谧的果园似乎预示着故事完满的结局。

威耳廷努斯化身为老妇人向波摩娜求爱的情节，是17世纪弗拉芒画师们最爱的场景。他们绘制这个场景时，通常以一座美丽可人的花园作为背景。

威耳廷努斯得名于拉丁语词vertere，意即转动、转变，这里指的很可能是季节的不断变换或者花朵凋落、果实成熟的过程。

▲大卫·特尼斯一世，《威耳廷努斯与波摩娜》（*Vertumnus and Pomona*），作于17世纪，现藏于奥地利维也纳艺术史博物馆

古典文献中提到的维纳斯的花园被视作后世爱之园的先声。女神维纳斯是忠实的花园守护人。

维纳斯的花园

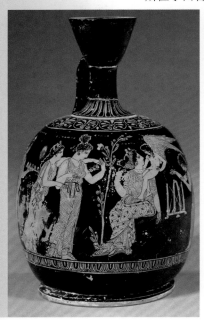

▼带红色人像的细颈油瓶（Red-Figured lekythos），古希腊美迪亚斯（Meidias）瓶绘风格，《阿弗洛狄忒在她的花园中》（*Aphrodite in her Gardens*），作于公元前420—前400年，现藏于英国伦敦的大英博物馆

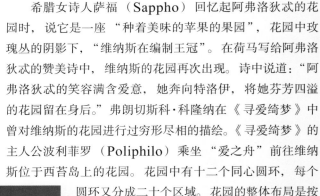

希腊女诗人萨福（Sappho）回忆起阿弗洛狄忒的花园时，说它是一座"种着美味的苹果的果园"，花园中玫瑰丛的阴影下，"维纳斯在编制王冠"。在荷马写给阿弗洛狄忒的赞美诗中，维纳斯的花园再次出现。诗中说道："阿弗洛狄忒的笑容满含爱意，她奔向特洛伊，将她芬芳四溢的花园留在身后。"弗朗切斯科·科隆纳在《寻爱绮梦》中曾对维纳斯的花园进行过穷形尽相的描绘。《寻爱绮梦》的主人公波利菲罗（Poliphilo）乘坐"爱之舟"前往维纳斯位于西苔岛上的花园。花园中有十二个同心圆环，每个圆环又分成二十个区域。花园的整体布局是按照某种具有象征意义的几何结构展开的，它的基础是两个被认为具有神奇力量的数字：10和7。数字10和五边形以及黄金分割直接相关，在毕达哥拉斯学派的观点中，10是代表着充裕和完美的数字。数字7则代表着当时已知行星的数量。花园正中有一座圆形露天剧场，象征着具有繁衍能力的大自然。在同心圆结构中，树丛、草场、黄杨木、灌木篱、绿雕和神庙交替出现着。许多艺术家都以维纳斯的花园为主题进行过创作，拓展了它丰富多样又与众不同的象征意义。尤其值得关注的是华托，他在表现户外宴游的作品中描绘了无数次前往爱之岛的旅行。

花园是严格按照希腊文献中的描述绘制的，观者仿佛能闻到花园中四溢的香气，听见丘比特扇动翅膀发出的乐声。

在爱之园中，许多小丘比特在采食红苹果和金苹果，其他的丘比特在嬉闹取乐。一尊维纳斯塑像居高临下地俯视着，手中握着的贝壳象征着她的降生。

▲提香，《维纳斯的崇拜》（*The Worship of Venus*），作于1519年，现藏于西班牙马德里的普拉多博物馆

一些艺术史学者认为，这幅画脱胎自希腊诗人菲洛斯特拉托斯（Philostratus）的《画记》（*Imagines*），书中描绘了六十四幅画，都是在那不勒斯的一幢别墅里亲眼所见或想象出来的。

绿色植物掩映着维纳斯的雕塑，仿佛在暗示着那些正走向小船的情侣们的最终归宿。小船将载着他们去往爱之岛，就像《寻爱绮梦》主人公波利菲罗的经历一样。

对田园牧歌和户外嬉游的偏爱，取代了巴洛克时期铺张的欢宴场景，同怪诞随性和乡土情调一样，它们都是洛可可花园的典型特征。

华托创造了户外嬉游的题材，开风气之先。他精妙地阐释了洛可可时期风靡全法的生活方式，描绘了一个新的社会。在那里，殷勤有礼的行为、欢宴和音乐成了最主流的时尚。

17世纪期间，路易十四以凡尔赛宫为核心的政治与文化集权开始崩溃。那时，浓墨重彩的、有政治宣传意味的艺术品式微，让位于更轻快的主题和对象，比如私人之间亲密的、轻快的、恩爱的场面。

▲让-安托尼·华托，《朝圣西苔岛》(*Pilgrimage to the Island of Cythera*)，作于1717年，现藏于法国卢浮宫

开风气之先的杰作《玫瑰传奇》，为13世纪以来随着殷勤的情爱传统的兴起在欧洲渐渐成形的花园理念奠定了基础。

《玫瑰传奇》

相关词条
世俗的花园；园中爱情

《玫瑰传奇》实际上是由两部书组成的，第一部书是由纪尧姆·德·洛里斯（Guillaume de Lorris）于1230年左右写就的，第二部是第一部的续书，是由让·德·摩恩（Jean de Meun）于约四十年后完成的。这部书被视作一部描写殷勤的爱的艺术的作品，书中写到的爱的征服分为几大阶段，都是用寓言的形式加以描述的。所有隶属于爱情心理的侧面和态度都进行了人格化，所有被爱的角色都拥有玫瑰花的特征。叙事者以梦境的形式讲述这样的故事：进入美德和爱情的领地——愉悦之园之后，当他正专心致志地端详玫瑰花蕾时，他被爱情的箭射中了。他爱上了玫瑰，不顾理性百般劝阻，还是承诺永远忠于爱情。他心意已决，想征服被爱的人，在欢迎的帮助下，他历尽了危险、嫉妒和脏话设下的重重困难，终于实现了自己的愿望，与爱人相聚，但嫉妒却将爱人关进了专门为囚禁她而建的城堡。第一部书写到叙事主人公道出心中的悲痛之情便戛然而止，让·德·摩恩的续书给了故事一个完整的结局。书中情节曲折跌宕不计其数，最终欢迎得以重获自由，叙事者也和爱人玫瑰团圆。对《玫瑰传奇》的艺术再现主要集中表现第一部书中的情节，因为第一部分的情节更具诗意，其中爱之园里的故事尤为令人青睐，而这些艺术作品反过来又再现了中世纪世俗的花园的细节。

▼约1500年的祷书画师，《嫉妒的城堡》（*The Castle of Jealousy*），泥金装饰手抄本，作于约1490年，现藏于英国伦敦的大英博物馆

高墙显示玫瑰的花园是封闭的、受保护的。它是园内与园外世界明显的分野，代表着与日常生活和世俗责任的分离。

爱人历尽种种不幸，最终成功地赢得了玫瑰的芳心

欢迎的花园是一座梦境中的花园。在这里，愉悦之地的古典传统得以与伊甸园的特征结合。主宰着这片花园的，是幸福、丰饶和永恒的青春。

▲约1500年的祈祷书画师，《爱人照料玫瑰》（*The Lover Tends the Rose*），作于约1450年，泥金装饰手抄本，现藏于英国伦敦的大英博物馆

但丁的旅程起于一片 "幽暗的森林"，止于丰饶的天堂花园。
天堂花园中百花争艳，但玫瑰独领风骚。

但丁的花园

　　近期研究认为，《神曲》与《玫瑰传奇》相当，但更
富有宗教意义，因为它提供了一些线索，能帮我们理解花
园中的小径缘何能成为超凡入圣的旅程。但丁的诗歌以黑
暗森林的形象开篇，这是一个取诸《圣经》及注释传统的
意象，象征着罪恶深重的生命。但丁在诗人维吉尔的陪同
下，踏上了引导他前往天堂、获得救赎的旅程。天堂是一
片长满玫瑰的封闭地带，是光明的花园，身在其中的人们
形成了一朵 "白玫瑰"，散发着歌颂上帝的芬芳。玫瑰花
本身就是一种富于象征意义的花朵，象征着圣母马利亚的
玫瑰。五彩斑斓的花朵散发着令人陶醉的芬芳，视觉、触
觉与嗅觉融为一体，理解与爱也合为一物。但丁的天堂花
园在结构上类似于中世纪花园，但并不是人间那单纯为了
满足感官愉悦的花园。这是一个高度精神化的王国，人们
不会因为物质资产而自喜，却会因灵魂的思索和持续转变
的纯净形态而愉悦。

▼普里亚莫·德拉·奎
尔恰（Priamo della
Quercia），《但丁被
动物袭击》（*Dante
Attacked by Animals*），
泥金装饰手抄本，作
于约1440—1450年，
现藏于英国伦敦的大英
博物馆

一些人认为，薄伽丘《十日谈》中第三日所描述的花园，标志着从中世纪花园的主题向文艺复兴时期花园主题的过渡。

薄伽丘的花园

《十日谈》是乔凡尼·薄伽丘的一部颇受欢迎的故事集。1348年，黑死病爆发，一群年轻贵族想逃离疫病，于是前往菲耶索莱郊野外的一幢别墅中避难。第三天，这群人搬进了一座花园。花园是围绕中心区域规划的，近乎对称，有着高高的围墙，环绕着树荫和玫瑰丛。花园的中心有一场草坪，点缀着无数花朵，草坪中央则有一座形态精致的白色大理石喷泉，一座雕塑源源不断地将水喷出，水又流入无数的人工沟渠。在喷泉和水渠精巧繁复的形象中，我们已经能一窥人文主义的精神了。花园的美学理念里虽然还有深刻的中世纪痕迹，但花园本身已经几乎不再有象征和寓言意义。它呈现的形象更加世俗、自然，理念与设计更为统一，是文艺复兴时期园林理念的先声。位于法国巴黎的国家图书馆收藏着一幅由薄伽丘亲自用硬笔和棕色颜料绘制的花园插图。图中一群年轻人围坐在鲜花开遍的草坪上，还有一座六边形的喷泉池，喷泉池上方矗立着维纳斯雕塑，下方四个兽形喷头正在喷水。

▼乔凡尼·薄伽丘所著的《十日谈》插图，作于约1370年，现藏于法国国家图书馆

画面中，主人公的爱情故事发生在一片精美的葡萄藤架下。这片藤架"预兆着葡萄丰收的好年景，鲜花盛开，芬芳馥郁，满园留香"。

在这则悲剧故事中，帕斯奎诺用鼠尾草摩擦牙齿而死，西蒙娜被指控毒杀爱人，将审判移至花园中进行，她自己也在园中以同样的方式死去。

薄伽丘的花园中虽然仍有中世纪审美标准的遗存，但象征意义已经渐渐脱落，让位于自然主义的艺术再现。

▲《西蒙娜和帕斯奎诺的故事》(*Story of Simona and Pasquino*)，选自乔凡尼·薄伽丘的《十日谈》，作于约1432年。泥金装饰手抄本，现藏于法国国家图书馆

画面背景描述了故事的后续发展。两位修女见马赛多（Masetto）是个哑巴，便借他满足自己的淫欲。

花床的样子只是简简单单的一层草皮，在这里只做了轻描淡写的处理。

▲《修女的园丁马赛多》（*Masetto, the Nun's Gardener*），微型画，作于15世纪，现藏于法国国家图书馆

女修道院花园四周围绕着高高的爬满玫瑰的格架。修女的所作所为让花园所象征着的圣母马利亚的玫瑰看上去像是个笑话。

马赛多装作自己又聋又哑，这样就能进入女修道院做园丁了。

弗朗切斯科·彼特拉克（Francesco Petrarch）是最早从园中散步中汲取灵感的一位诗人。他在漫步中思索人生，追忆往昔，深入自己的内心世界。

彼特拉克的花园

《歌集》（*Canzoniere*）的作者彼特拉克，是中世纪第一位热忱的园丁。他也率先将打理花园的劳苦视同诗人的劳苦，将其当作模仿古人行迹的方式。当然，我们所说的模仿并不是机械地照做，而是创造新的模式，让对古人的研究能进入内心世界和个人的感受力。彼特拉克一生中有相当多的时间都是在法国阿维尼翁（Avignon）的教廷内外度过的，他曾在沃克吕兹省索尔格河发源地附近，将一块经常被汹涌的河水淹没的农田改造成花园。彼特拉克自己将沃克吕兹的花园叫作"阿尔卑斯的源泉"，是敬献给阿波罗和酒神巴克斯的花园。它不仅是古代世界的回响，也是意欲重新获得大地神圣力量的尝试，在这里，"大量的泉水倏忽奔涌而出，催促着人们为它们设立祭坛"。第一座花园是献给阿波罗的，它也许是彼特拉克最为珍爱的花园。园中树荫重重，安详静谧，有遁世之感，适合聚精会神，修习研究。献给巴克斯的花园更靠近彼特拉克的家，这座园子修剪得更为精心，有湍急的水流穿园而过。沃克吕兹对彼特拉克而言意义非凡。他曾不止一次提到，沃克吕兹是他的"家"，他的"源泉"，是"雅典和罗马"。它既是灵感的来源，又有着古典气息，在这里，"即使内向的头脑也能超凡入圣，接触到崇高的思想"。

▼带沃克吕兹风景素描的彼特拉克手稿，作于约1350年，现藏于法国国家图书馆

彼特拉克曾在作品中提到花园
对自己的重要性。他回忆说，
在花园中的树影下，在泠泠作
响的小溪边，他疲惫的灵魂又
获得了新的力量。

彼特拉克是最早
在静谧的花园中
反躬自省、寻求
灵感的一位人文
主义作家。

▲阿诺德·勃克林，《弗朗切斯科·彼特拉克像》
（*Francesco Petrarca*），作于1863年，现藏于
德国莱比锡艺术教育博物馆

弗朗切斯科·科隆纳的《寻爱绮梦》于1499年在威尼斯付梓，讲述了一个在梦中为爱斗争的故事，概括了文艺复兴时期花园的特色。

波利菲罗的花园

　　《寻爱绮梦》并不是一本易读的书。该书讲述了爱上了仙女波利亚的波利菲罗的梦境以及他想象中的旅程。主人公沿着一条神秘的道路行进，道路的意义是通过各种各样妙趣横生的方式进行揭示的。波利菲罗在奇异的景物和古代的残迹间游走，迷路后来到了一座恢宏壮丽的宫殿。在宫中，他第一次窥见了人工元素取代自然景物的花园，园中的人工造物制造了极具象征意义的环境。在第一座花园中，每株植物都是用最为纯净的玻璃制成的，黄杨树金色的纸条上挂满了玻璃般的叶子，树木呈现绿雕一样的形态，每对黄杨树间还有一株高耸的柏树。波利菲罗遇到的第二座花园是一片错综复杂的迷宫，迷宫中有七条环状的通道和七座塔，还拥有一系列可供航行的水道。迷宫象征着人生的七个阶段，中心那条"对付死亡的龙"则象征着死亡，可以在人生的任何一个阶段出其不意地致人死命。第三座花园完全是用昂贵的丝织品制成的，黄杨树和柏树也不例外，它们金色的枝干上悬挂着果实模样的宝石。这些人造的花园，对应着西苔岛上维纳斯的花园。波利菲罗描述的园林，都沉浸在一个魔幻的、无法企及的宇宙中，不过，即使是这样的宇宙，也是被理性所决定的规则主宰的。

▼《西苔岛上维纳斯的花园》（*The Garden of Venus on Cythera*），《寻爱绮梦》（威尼斯，1499年）插图

sopra il fonte. Nelquale aptamente era infixo uno serpe aureo ficto obrepere fora duna latebrosa crepidine di saxo. Cum inuoluti uertigini, di conuenente crassitudine euomeua largamente nel sonoro fonte la chiarissima aqua. Onde per tale magisterio il significo artifice, il serpe haueua fuso inglobato, per infrenare lo impeto dellaqua. Laquale per libero mea te & directo fistulato harebbe ultra gli limiti del fonte spirsio.

　　Sopra la plana del præfato sepulchro la Diuina Genitrice sedeua puerpera ex scalpta, nō sencia sūmo stupore di ptiosa petra Sardonyce tri colore, sopra una sedula antīqīa, nō excedéte la sua sessiōe della sardoa ue na, ma cū icredibile iuéto & artificio era tutto il cythereo corpusculo de la uéa lactea del onyce, q̄si deuestito, p̄ solamēte era relicto uo uelamine della rubra uena cæzante lo arcano della natura, uelando parte di una coxa, & il residuo sopra la plana descendeua. Demigrando poscia sopra p

波利菲罗在罗吉斯蒂卡（Logistica）和泰勒米亚（Thelemia）的陪同下，即将进入水晶花园。罗吉斯蒂卡象征着理性，泰勒米亚则象征着意志。

绿雕艺术的源头可以上溯到古典时期。它在文艺复兴时期的园林里复兴，后来传遍世界，成了"意大利风格"花园的鲜明标志。

一些人将《寻爱绮梦》看作一部描绘意大利人文主义园林的手册。《寻爱绮梦》为许多艺术家提供了灵感。

▲《水晶花园》(*The Garden of Crystal*)，
1564年法语版《寻爱绮梦》版画

这座花园的独特之处在于，乘船进入园中之后再也没有回头路，最终只能走向园中心盘踞着的龙。

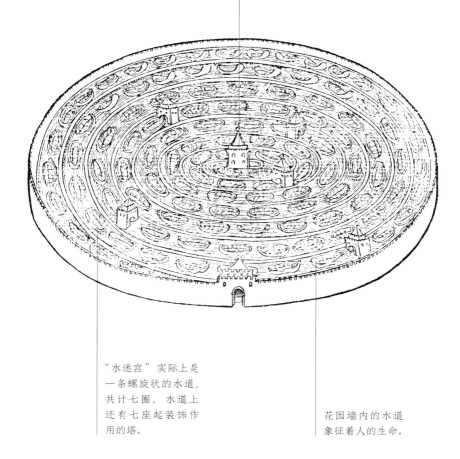

"水迷宫"实际上是一条螺旋状的水道，共计七圈，水道上还有七座起装饰作用的塔。

花园墙内的水道象征着人的生命。

▲ 《水迷宫》(*The Labyrinth of Water*)，1564年法语版《寻爱绮梦》版画

阿尔密达（Armida）的花园中充斥着时光易逝之感。它提示着人们，即使是欢愉的美梦，一旦做到极致，也注定了要烟消云散。

阿尔密达的花园

在托尔夸托·塔索（Torquato Tasso）描绘第一次十字军东征的史诗《被解放的耶路撒冷》（*Jerusalem Delivered*，1580年）中，女巫阿尔密达那充满魔力的花园，与严肃古板的、象征着责任与英雄主义的宗教剥削的耶路撒冷相对。在阿尔密达的花园中能找到感官的愉悦，这是历尽千辛万苦的英雄壮举应得的嘉奖。不过，这座花园和永恒的天国却不相类。阿尔密达的花园深知自身的脆弱性，也深知自己无力满足每个人心中对幸福快乐的渴望。在这里，我们已经能注意到对花园的态度的转变。花园已经不再象征着几何规则，或者某种有益的伊甸园般的理想。它承载的是转瞬即逝的、脆弱的幸福，和这个世界上的万物一样，都受制于朝生暮死的无情铁律。想要来到阿尔密达的花园，必须在路上历尽千难万险。园中的地点和装饰自然生动，就好像自然界有时也会模仿艺术品来取乐一般，但事实上，艺术是模仿自然的。《被解放的耶路撒冷》和塔索的其他代表作中呈现的思想观点，都被解读成英式风景园林的先声。

◀爱德华·穆勒（Eduard Müller），《阿尔密达的花园》（*The Garden of Armida*），作于1854年，现为私人藏品

《被解放的耶路撒冷》中有一节（16.10）描绘道，原始的和人工修葺的混合在一起，整体和每个部分都十分自然，而大自然也会去模仿她的模仿者的艺术。这段描述让一些人把塔索视作英国风景园林的预言家。

圆形的神庙形似爱的神殿。

前景中的玫瑰象征着塔索劝告人们在转瞬即逝的生命或青春的早晨采集玫瑰的篇章。

▲大卫·特尼斯二世，《阿尔密达的花园》
（*The Garden of Armida*），作于1650年，
现藏于西班牙马德里的普拉多博物馆

约翰·弥尔顿（John Milton）的《失乐园》（*Paradise Lost*, 1674年）中对伊甸园的描绘，被视作英国风景园林的预言。

《失乐园》

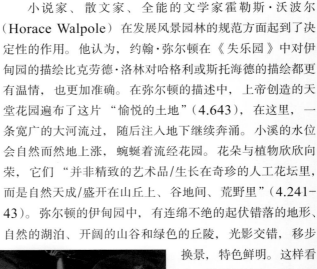

　　小说家、散文家、全能的文学家霍勒斯·沃波尔（Horace Walpole）在发展风景园林的规范方面起到了决定性的作用。他认为，约翰·弥尔顿在《失乐园》中对伊甸园的描绘比克劳德·洛林对哈格利或斯托海德的描绘都更有温情，也更加准确。在弥尔顿的描述中，上帝创造的天堂花园遍布了这片"愉悦的土地"（4.643），在这里，一条宽广的大河流过，随后注入地下继续奔涌。小溪的水位会自然而然地上涨，蜿蜒着流经花园。花朵与植物欣欣向荣，它们"并非精致的艺术品/生长在奇珍的人工花坛里，而是自然天成/盛开在山丘上、谷地间、荒野里"（4.241-43）。弥尔顿的伊甸园中，有连绵不绝的起伏错落的地形、自然的湖泊、开阔的山谷和绿色的丘陵，光影交错，移步换景，特色鲜明。这样看来，风景园林这一类型的真正诞生，似乎比这个名字的问世更早。它早便已经出现在文学作品中，是所有花园和天堂的原型。

◀ 亨利·富塞利（Henry Fuseli），《牧者的梦》（*The Shepherd's Dream*），作于1793年，现藏于英国伦敦泰特现代美术馆

那个属于精灵们和栖居在森林与花园中、追随着精灵们的奇异生物的世界，深深根植于中世纪的文学作品和民间传说中。描绘精灵的画家们从一开始就是颇具眼光的梦想家。

花园中的精灵

　　中世纪文学吸纳了民间对精灵的信仰，以对抗谴责其为异教信仰的严苛的宗教禁令。尤其值得一提的是乔叟（Chaucer）的《坎特伯雷故事集》（*Canterbury Tales*）。它确立的文学类型后来也被莎士比亚的《仲夏夜之梦》（*A Midsummer Night's Dream*）和《暴风雨》（*The Tempest*）所用。不过，精灵和仙子的故事真正流行开来，成为僵化呆板、理性自足的英国中产阶级消遣的话题，还要数维多利亚时期。随着唯灵论和神秘学的兴起，精灵、仙子和矮人的世界成了全英国热衷的话题，格林兄弟的童话故事的出版、莎士比亚重新获得读者的关注和以生死恋为主题的芭蕾舞作品的流行，都进一步推动了这股热潮。从伯恩-琼斯到透纳，维多利亚时期的艺术家都热衷于描绘这些奇幻的世界，他们大多从莎士比亚的作品中汲取灵感，但很快便开始用自己的想象和热爱来编织情节了。威廉·布莱克（William Blake）相信精灵真的存在，还声称在自己的后院亲眼见到过它们举行葬礼。富塞利则将梦境视作宝贵的灵感来源，他发明了种种不大可靠的技术用来刺激梦境的产生，比如在睡前吃生肉。他曾在《仲夏夜之梦》的启发下创作过一些绘画作品，他在画中创造的奇异世界，也启发、影响了他的学生和后继者。一些艺术家，如理查德·达德（Richard Dadd）和约翰·安斯特·菲茨杰拉德（John Anster Fitzgerald）等，甚至专攻精灵绘画。

▼约翰·埃弗里特·米莱斯（John Everett Millais），《被绿精灵诱惑的费迪南德》（*Ferdinand Lured by Ariel*），作于1849年，现藏于美国华盛顿马金斯收藏馆

奥布朗（Oberon），一名很可能来自日耳曼传说中精灵之王阿尔贝里克（Alberic）的法语译文。

布莱克为仙女们画上了透明的蝴蝶翅膀，很可能是受到了古希腊花瓶的装饰画和庞培古城壁画中带翅膀的天使和普赛克（Psyche）形象的影响。普赛克是以少女形象出现的人类灵魂的化身。

精灵既是帮助英雄远征探险的正面形象，也是预言家，既是用心险恶的女巫，又是带来厄运的信使。它们的历史最早可以追溯到凯尔特文化。

▲威廉·布莱克，《奥布朗、提泰尼亚、帕克和跳舞的精灵》（*Oberon, Titania and Puck with Fairies Dancing*），作于约1785年，现藏于英国伦敦泰特现代美术馆

因为知更鸟与人类世界存在关联，
所以精灵们对它意见不一。

这个陪伴着众精灵、状如魔鬼的
小生物形象，明显受到了老彼
得·勃鲁盖尔和耶罗尼米斯·博斯
（Hieronymus Bosch）的绘画作品
的影响。

在古代传说中，捕捉或
杀死知更鸟会带来厄运。
有人相信，知更鸟会埋
葬那些在森林中死去或
被杀的人。

▲约翰·安斯特·菲茨杰拉德，《被困的知更鸟》（*The Captive Robin*），
作于约1864年，现为私人藏品

附录

◄让-奥诺雷·弗拉戈纳尔，
《秋千》，作于1767年，
现藏于英国伦敦的华莱士
典藏馆

主题索引

画家索引

收藏机构译名对照

拉特兰圣约翰大教堂（Saint John Lateran），意大利罗马

兰特庄园（Villa Lante），意大利巴尼亚亚

朗比内博物馆（Musée Lambinet），法国凡尔赛

老绘画陈列馆（Alte Pinakothek），德国慕尼黑

里尔美术博物馆（Palais des Beaux-Arts de Lille），法国里尔

领主广场（Palazzo della Signoria），意大利佛罗伦萨

卢浮宫（Louvre），法国巴黎

鲁昂美术博物馆（Musée des Beaux-Arts），法国鲁昂

罗宫（Palace Het Loo，荷兰皇室博物馆），荷兰阿培尔顿

罗马国家博物馆（Museo Nazionale Romano），意大利罗马

洛林历史博物馆（Musée Historique Lorraine），法国南锡

M

马金斯收藏馆（Makins Collection），美国华盛顿

马孔市立图书馆（Bibliothèque municipale de Mâcon），法国马孔

马拉迈松城堡国家博物馆（Musée National des Châteaux de Malmaison et de Bois-Préau），法国吕埃-马拉迈松

马利波恩板球俱乐部（Marylebone Cricket Club），英国伦敦

美第奇别墅（Villa Medici），意大利罗马

美第奇里卡迪宫（Palazzo Medici Ricciardi），意大利佛罗伦萨

美国国家美术馆（National Gallery of Art），美国华盛顿

美景宫美术馆（Österreichische Galerie Belvedere），奥地利维也纳

美泉宫（Schönbrunn），奥地利维也纳

明尼阿波利斯艺术与设计学院（Minneapolis College of Art and Design），美国明尼阿波利斯

摩根图书馆与博物馆（Morgan Library and Museum），美国纽约

N

纳尔逊-阿特金斯艺术博物馆（Nelson-Atkins Museum of Art），美国堪萨斯城

纽约历史学会（New York Historical Society），美国纽约

纽约市博物馆（Museum of the City of New York），美国纽约

P

皮蒂宫与帕拉提娜画廊（Palazzo Pitti Galleria Palatina），意大利佛罗伦萨

菩菩利花园（Boboli Gardens），意大利佛罗伦萨

菩提树下博物馆（Musée d'Unterlinden），法国科尔马

普法尔茨博物馆（Kurpfälzisches Museum），德国海德堡

普拉多博物馆（The Prado Museum），西班牙马德里

普拉托利尼别墅花园（Park of the villa di Pratolino），意大利佛罗伦萨

普希金博物馆（Pushkin Museum），俄罗斯莫斯科

R

瑞士国家博物馆（Schweizerisches Landesmuseum），瑞士苏黎世

S

萨尔托里奥公共博物馆（Civico Museo Sartorio），意大利里雅斯特

圣保罗艺术博物馆（Museu de Arte de São Paulo），巴西圣保罗

圣路加学院（Accademia di San Luca），意大利罗马

圣苏珊娜堂（Chiesa di Santa Susanna alle Terme di Diocleziano），意大利罗马

圣天使堡（Castle Sant'Angelo），意大利罗马

施特德尔美术馆（Städelsches Kunstinstitut），德国法兰克福

斯德哥尔摩国家博物馆（Stockholm National Museum），瑞典斯德哥尔摩

斯奇法挪亚宫（Palazzo Schifanoia），意大利费拉拉

T

塔罗花园（Tarot Garden），意大利加拉维乔

泰特现代美术馆（Tate Modern），英国伦敦

特拉华艺术博物馆（Delaware Art Museum），美国威尔明顿

特列季亚科夫画廊（Tretyakov Gallery），俄罗斯莫斯科

提森-博内米萨博物馆（Museo Thyssen-Bornemisza），西班牙马德里

图尔美术博物馆（Musée des beaux-arts de Tours），法国图尔

W

威尔士国家博物馆和画廊（National Museums

and Galleries of Wales），英国威尔士加的夫

威尔士国家图书馆（National Library of Wales），英国威尔士

维多利亚和阿尔伯特博物馆（Victoria and Albert Museum），英国伦敦

维罗纳古堡博物馆（Museo di Castelvecchio），意大利维罗纳

维也纳博物馆（Wien Museum），奥地利维也纳

维也纳美术学院（Akademie der bildenden Künste Wien），奥地利维也纳

维也纳艺术史博物馆（Kunsthistorisches Museum），奥地利维也纳

魏克尔斯海姆宫花园（Schlossgarten Weikersheim），德国魏克尔斯海姆

翁布里亚国家美术馆（Galleria Nazionale dell'Umbria），意大利佩鲁贾

沃克艺术中心（Walker Art Center），美国明尼阿波利斯

乌菲齐美术馆（Uffizi），意大利佛罗伦萨

X

西敏寺市档案中心（Archives Center），英国伦敦

希腊国家考古博物馆（National Architectural Museum），希腊雅典

夏利皇家修道院（Abbaye Royale De Chaalis），隶属于法兰西学会，法国方丹 - 夏利

小宫博物馆（Le musée du Petit Palais），法国巴黎

辛辛那提艺术博物馆（Cincinnati Art Museum），美国俄亥俄

Y

雅克蒙 - 安德烈博物馆（Musée Jacquemart-André），法国巴黎

耶鲁大学英国艺术中心（Yale Center for Brithsh Art），美国纽黑文

艺术教育博物馆（Museum der Bildenden Künste），德国莱比锡

意大利国家考古博物馆（Museo Archeologico），意大利那不勒斯

意大利热那亚的度拉佐·帕拉维奇尼（Durazzo Pallavicini）别墅收藏馆

英国国家美术馆（National Gallery），英国伦敦

英国皇家建筑师学会（Royal Institute of British Architects），英国伦敦

应用艺术博物馆（Museo d'Arti Applicate），意大利米兰斯福尔扎城堡

约恩克海勒画廊（Galerie de Jonckheere），法国巴黎

Z

装饰艺术图书馆（Bibliothèque des Arts Décoratifs），法国巴黎

宗教和莫桑艺术博物馆（Musée d'Art religieux et d'Art Mosan），比利时列日

参考文献

AA.VV., *Il giardino di Flora. Natu-ra e simbolo nell'immagine dei fiori*, catalogo della mostra, Genova 1986
AA.VV., *Victorian Fairy painting*, catalogo della mostra, London 1997
N. Alfrey, S. Daniels, M. Postle, *Art of the Garden, The garden in british art, 1800 to present day*, catalogo della mostra, London 2004
A. Appiano, *Il giardino dipinto. Dagli affreschi egizi a Botero*, Torino 2002
L'architettura dei giardini d'occidente. Dal Rinascimento al Novecento, a cura di M. Mosser e G. Teyssot, Milano 1990
Arte dell'estremo oriente, a cura di G. Fahr-Becker, Köln 2000
G. Baldan Zenoni-Politeo, A. Pietrogrande, *Il giardino e la memria del mondo*, Firenze 2002
E. Battisti, *Iconologia ed ecologia del giardino e del paesaggio*, Firenze 2004
M.-H. Bénetière, *Jardin. Vocabulaire typologique et tecnique*, Paris 2000
T. Calvano, *Viaggio nel pittoresco*, Roma 1996
F. Cardini, M. Miglio, *Nostalgia del paradiso. Il giardino medievale*, Bari 2002
La città effimera e l'universo artificiale del giardino, a cura di M. Fagiolo, Roma 1980
F.R. Cowel, *The Garden as a Fine art from antiquity to modern times*, London 1978
Créateurs de jardins et de paysages an France de la Renaissance au XXI siècle, a cura di M. Racine, Arles 2001
J.-C. Curtil, *Le jardins d'Ermenon-ville racontés par René Louis marquis de Girar-din*, Saint-Rémy-en-l'Eau 2003
J. de Cayeux, *Hubert Robert et les jardins*, Paris 1987
J. Dixon Hunt, *The pictoresque garden in Europe*, London 2003
M. Fagiolo, M.A. Giusti, *Lo specchio del Paradiso. L'im-magine del giardino dall'Antico al Novecento*, Cinisello Balsamo 1996
M. Fagiolo, M.A. Giusti, V. Cazzato, *Lo specchio del Paradiso. Giardino e teatro dall'Antico al Novecento*, Cinisello Balsamo 1997
Fleurs et Jardins dans l'art flam-mande, catalogo della mostra, Bruxelles 1960
La fonte delle fonti: iconologia degli artifizi d'acqua, a cura di A. Vezzosi, Firenze 1985
Giardini d'Europa, a cura di R. Toman, Köln 2000
Giardini dei Medici, a cura di C. Acidini Luchinat, Milano 1996
I giardini dei monaci, a cura di M.A. Giusti, Lucca 1991
Giardini regali, a cura di M. Amari, catalogo della mostra, Milano 1998
Il giardino d'Europa: Pratolino come modello nella cultura europea, a cura di A. Vezzosi, catalogo della mostra, Milano 1986
Il giardino delle Esperidi, a cura di A. Tagliolini e M. Azzi
Visentini, Firenze 1996
Il giardino delle muse. Arti e artifici nel barocco europeo, a cura di M.A. Giusti e A. Tagliolini, Firenze 1995
Il giardino dipinto nella Casa del Bracciale d'Oro a Pompei e il suo restauro, catalogo della mostra, Firenze 1991
Il giardino islamico, a cura di A. Petruccioli, Milano 1994
P. Grimal, *I giardini di Roma antica*, Milano 1990
P. Grimal, *L'arte dei giardini, una breve storia*, Roma 2000
H. Haddad, *Le Jardin des Peintres*, Paris 2000
Jardin en France, 1760-1780. Pays d'illusion, terre d'experience, catalogo della mostra, Paris 1977
H. Kern, *Labirinti: forme e interpretazioni: 5000 anni di presenza di un archetipo*, Milano 1981
D. Ketcham, *Le Desert de Retz*, Cambridge (Mass.)-London 1994
M. Layrd, *The formal garden*, London 1992
Les freres Sablet: dipinti, disegni, incisioni (1775-1815), catalogo della mostra, Roma 1985
D.S. Lichacev, *La poesia dei giardini*, Torino 1996
P. Maresca, *Giardini incantati, boschi sacri e architetture magiche*, Firenze 2004
Natura e Artificio, a cura di M. Fagiolo, Roma 1981
Nel giardino di Balla, a cura di A. Masoero, Milano 2004
E. Panofsky, *Il significato*

nelle arti visive, Torino 1962
F. Panzini, *Per i piaceri*
del popolo, Bologna 1993
A. Petruccioli, *Dar al Islam. Archi-*
tetture del territorio
nei paesi islamici, Roma 1985
G. Pirrone, *L'isola del Sole. Archi-*
tettura dei giardini
di Sicilia, Milano 1994
F. Pizzoni, *Il giardino, arte*
e storia, Milano 1997
M. Praz, *Il giardino dei sensi. Studi*
sul manierismo barocco, Milano
1975
Romana pictura. La pittura romana,
la pittura romana
dalle origini all'età bizantina,
a cura di A. Donati, catalogo della
mostra, Milano 1998
S. Settis, *Le pareti ingannevoli, la*
villa di Livia e la pittura
di giardino, Milano 2002
R. Strong, *The Renaissance garden*
in England,
London 1979
Sur la terre comme au ciel. Jardins
d'Occident à la fin
du Moyen Âge, catalogo
della mostra, Paris 2002
A. Tagliolini, *Storia del giardino*
italiano, Firenze 1991
Teatri di Verzura. La scena
del giardino dal Barocco al
Novecento, a cura di V. Cazzato, M.
Fagiolo, M.A. Giusti,
Firenze 1993
W. Teichert, *I giardini dell'anima*,
Como 1995
The changing garden,
four centuries of european
and american art, a cura di
B.G. Fryberger, catalogo della mo-
stra, Stanford University 2003
G. Van Zuylen, *Il giardino paradiso*
del mondo,
Milano 1995
M. Vercelloni, *Il Paradiso terrestre.*
Viaggio tra i manufatti del giardino
dell'uomo,
Milano 1986
V. Vercelloni, *Atlante dell'idea*
di giardino europeo, Milano 1990
R. Wittkower, *Palladio e*
il palladianesimo, Torino 1984
M. Woods, *Visions of Arcadia. Eu-*
ropeans gardens from Renaissence
to Rococò,
London 1996
M. Zoppi, *Storia del giardino euro-*
peo, Bari 1995

图片版权

© ADP, su licenza Fratelli Alinari, Firenze, p. 89; © Agence de la Réunion des Musées Nationaux, Parigi, Daniel Arnaudet, p. 106; Daniel Arnaudet / Hérve Lewandowski, p. 67; Daniel Arnaudet / Jean Schormans, pp. 108, 207; Philippe Bernard, p. 187; Gérard Blot, pp. 60, 63, 66, 107, 152, 199, 205, 246, 284, 285; Bulloz, pp. 135, 165; Hérve Lewandowski, p. 157; René Gabriel Ojéda, pp. 43, 127, 136, 313; Droit Réservés, pp. 11, 59, 185, 258; AKG-Images, Berlino, copertina e pp. 12, 28, 62, 74, 75, 79, 84, 90, 118, 137, 128, 146, 180, 168, 179, 182-183, 192, 194, 150, 153, 209, 213, 216, 235, 237, 244, 248, 249, 250, 289, 265, 269, 270, 243, 240, 299, 300, 301, 306, 315, 329, 340, 345, 346, 334, 355, 356, 357, 358, 362, 367; Archivio Alinari, Firenze, pp. 42, 145, 341; Archivio Mondadori Electa, Milano, pp. 24, 45, 53, 55, 130, 138, 149, 167; Archivio Mondadori Electa, Milano, su concessione del Ministero per i Beni e le Attività Culturali, pp. 13, 15, 16-17, 36, 72, 178, 229, 239, 278, 304; © Archivio Scala, Firenze, 1990, pp. 21, 38, 40, 41, 160-161, 191, 260-261, 314; 1996, p. 353; 2001, p. 151; © Archivio Scala, Firenze, su concessione del Ministero per i Beni e le Attività Culturali 1990, pp. 48, 143, 257; 2004, p. 44; Biblioteca Reale, Torino, su concessione del Ministero per i Beni e le Attività Culturali, p. 37; Bibliothèque de l'Arsenal, Parigi, pp. 22, 359; Bibliothèque Municipale, Mâcon, p. 297; Bibliothèque Nationale, Paris, pp. 125, 264, 360, 361; Bibliothèque Royale Albert I, Bruxelles, p. 27; Bridgeman / Archivi Alinari, Firenze, pp. 77, 173; Bridgeman Art Library, Londra, pp. 19, 20, 26, 46, 52, 54, 61, 70, 76, 78, 80-82-83-91, 92, 96, 97, 113, 115, 116, 121, 124, 126, 131, 134, 164, 181, 188, 190,196, 197,158,206,208, 174, 200, 201, 211, 217, 218, 219, 221, 222, 223, 225, 226, 227, 238, 259, 253, 277, 247, 316, 324, 335, 344, 347, 366, 369; Chaalis, Abbaye Royale, p. 332; © Christie's Images Limited 2005, pp. 73, 272; Cincynnati Art Museum, Cincynnati, p. 103; Civica Raccolta delle Stampe A. Bertarelli, Milano, p. 186; Collection Walker Art Center, Minneapolis, p. 184; © Corbis / Contrasto, Milano, pp. 32, 114, 120; Courtesy of the artist / Doggerfisher Gallery, Edimburgh / Matt's Gallery, London, p. 228; Courtesy of the Huntington Library Art Collection and Botanical Gardens, San Marino, California, p. 98; © Erich Lessing / Contrasto, pp. 10, 34, 71, 85, 156, 166, 212, 236, 266-267, 279, 281, 290, 296, 351, 352; Fiesole, collezione privata, p. 39; Firenze, collezione Acton, p. 33; © 2002, Foto Pierpont Morgan Library / Art Resource / Scala, Firenze, p. 25; Frans Hals Museum, Haarlem, p. 81; Galerie De Jonckheere, Parigi, p. 47; Galleria Statale Tret'jakov, Mosca, p. 220; Genova, collezione Durazzo Pallavicini, p. 349; Grande Chartreuse, Grenoble, p. 23; Harris Museum and Art Gallery, Preston, p. 142; © 2005 Her Majesty Queen Elisabeth II, p. 163; Imagno / Archivi Alinari, Firenze, p. 254; Kunsthistorisches Museum, Vienna, pp. 198, 310, 350; Kurpfälzisches Museum, Heidelberg, p. 69; © Leemage, Parigi, pp. 49, 64-65, 132, 139, 274-275, 286, 302, 312, 330, 331, 326, 294, 354, 271; Library Drawings Collection, Riba, p. 117; Diego Motto, Milano, p. 35; Musée d'Art Religieux et D'Art Mosan, Liegi, p. 307; Musée d'Unterlinden, Colmar, p. 251; © Musée des Beaux-Arts et d'Archéologie, Besançon, p. 112; © Musée Lorrain, Nancy, p. 162; Musei civici, Trieste, p. 321; Museo Botanico, Università degli Studi, Firenze, p. 322; Museo di Castelvecchio, Verona, p. 305; Museo Nazionale, Stoccolma, p. 348; Museo Puškin, Mosca, p. 291; © 2005 Museum of Fine Art, Boston, pp. 193, 224, 252; Nelson-Atkins Museum of Art, Kansas City, p. 336; Palais Het Loo, The Netherlands, p. 58; Palazzo Bianco, Genova, pp. 262-263; Parco di Hellbrunn, Salisburgo, p. 159; © Photothèque des Musées de la Ville de Paris, p. 147; Giovanni Rinaldi, Roma, p. 154; Roger-Viollet / Alinari, p. 231; Sammlungen des Fürsten von Liechtenstein, Vaduz, p. 283; Schweizerisches Landesmuseum, Zurigo, p. 311; © Sotheby's / AKG-Images, p. 368; Staatliche Kunstinstitut, Francoforte, p. 88; Staatliche Kunstsammlung, Kassel, pp. 104, 105; © 2005 Tate, London, pp. 280, 370; © The Art Archive / British Museum / Dagli Orti, Londra, p. 234; © The Art Archive / Dagli Orti, Londra, pp. 14, 50, 51,140, 169, 170, 171,155, 204; © The Art Archive / Musée Lambinet Versailles / Dagli Orti, Londra, p. 101; © The Art Archive / Nicolas Sapihea, Londra, p. 94; The J. Paul Getty Museum, Los Angeles, pp. 172,195, 255, 282, 202, 203, 268, 276, 245, 298, 303, 308, 295, 323; © 1985 The Metropolitan Museum of Art, p. 215; The Minneapolis Institute of Arts, Minneapolis, pp. 287, 273; © The National Gallery, London, pp. 95, 333; The National Library of Wales, Londra, p. 109; The Royal Pavilion Libraries Museum Brighton & Hove, p. 210; Van Gogh Museum, Amsterdam, p. 256; Westminster, City Archives, p. 129

图书在版编目(CIP)数据

艺术中的庭园与迷宫 / (意)露琪亚·伊姆佩鲁索(Lucia Impelluso)著；张昭译.
— 武汉：华中科技大学出版社，2019.12
（艺术馆）
ISBN 978-7-5680-5823-0

Ⅰ.①艺… Ⅱ.①露… ②张… Ⅲ.①园林艺术－世界 Ⅳ.①TU986.61

中国版本图书馆CIP数据核字(2019)第256941号

© 2005 Mondadori Electa S.p.A., Milano - Italia
© G. Balla, J. Béraud, M. Duchamp, G. Segal, A. Warhol by SIAE 2011
© 2019 for the Simplified Chinese language - Huazhong University of Science and Technology Press
Published by arrangement with Atlantyca S.p.A.
Original Title: Giardini, orti e labirinti
Text by Lucia Impelluso
Series Editor: Stefano Zuffi
Graphic Coordination: Dario Tagliabue
Graphic Project: Anna Piccarreta
Original Layout: Paola Forini
Cover by Huazhong University of Science and Technology Press
No part of this book may be stored, reproduced or transmitted in any form or by any means, electronic or mechanical
including photocopying, recording, or by any information storage and retrieval system, properties, with the exception of
Publisher's own name or trade name, without prior written approval of the Agent.

© G. Balla, J. Béraud, M. Duchamp, G. Segal, A. Warhol by SIAE 2011

简体中文版由 Mondadori Electa S.p.A. 通过 Atlantyca S.p.A. 授权华中科技大学出版社有限责任公司在中华
人民共和国境内（但不含香港特别行政区、澳门特别行政区和台湾地区）出版、发行。

湖北省版权局著作权合同登记 图字：17-2019-168 号

艺术中的庭园与迷宫

[意]露琪亚·伊姆佩鲁索 著

Yishu zhong de Tingyuan yu Migong

张昭 译

出版发行：华中科技大学出版社（中国·武汉）　　　电话：(027) 81321913
　　　　　北京有书至美文化传媒有限公司　　　　　　　(010) 67326910-6023
出 版 人：阮海洪

责任编辑：莽　昱　杨梦楚　　　　　内文排版：北京博逸文化传播有限公司
责任监印：徐　露　郑红红　　　　　封面设计：邱　宏

制　　作：北京博逸文化传播有限公司
印　　刷：艺堂印刷（天津）有限公司
开　　本：889mm×1194mm　1/32
印　　张：12
字　　数：150千字
版　　次：2019年12月第1版第1次印刷
定　　价：98.00元

本书若有印装质量问题，请向出版社营销中心调换
全国免费服务热线：400-6679-118 竭诚为您服务
版权所有 侵权必究